中等职业教育教材

分析检测技术

薛晓楠　侯卫华　主编
顾　瑶　杜嵩松　副主编

·北京·

内容简介

《分析检测技术》分六个项目：分析检验任务准备、工业碱分析、金属离子的含量测定、化学需氧量测定、工业盐中阴离子含量测定、典型有机物的测定。在内容编排上，以“任务目标—知识储备—任务实施—巩固提高”的框架，系统和重点地介绍了相关的学习目标、理论知识和任务实施中的仪器、试剂、方法、过程、计算公式、数据处理、注意事项等，其中，知识理论内容按照学生学习侧重由浅入深进行编写。为使学生更好地吸收理论知识和掌握实操要点，本书以二维码形式附加实操教程视频。教材层次清晰、内容编排合理，采用新版国家检测标准和行业标准，具有“实用、规范、新颖”等特点。

本书可作为中等职业学校分析检验技术专业教材，也可供相关专业及有关分析检测工作者参考。

图书在版编目（CIP）数据

分析检测技术/薛晓楠，侯卫华主编；顾瑶，杜嵩松副主编. —北京：化学工业出版社，2023.7

ISBN 978-7-122-43266-7

Ⅰ. ①分… Ⅱ. ①薛… ②侯… ③顾… ④杜… Ⅲ. ①工业分析-中等专业学校-教材 Ⅳ. ①TQ014

中国国家版本馆 CIP 数据核字（2023）第 062840 号

责任编辑：王　芳　蔡洪伟　　文字编辑：邢苗苗　刘　璐
责任校对：边　涛　　装帧设计：关　飞

出版发行：化学工业出版社
（北京市东城区青年湖南街 13 号　邮政编码 100011）
印　　刷：北京云浩印刷有限责任公司
装　　订：三河市振勇印装有限公司
787mm×1092mm　1/16　印张 10¾　字数 260 千字
2023 年 10 月北京第 1 版第 1 次印刷

购书咨询：010-64518888　　售后服务：010-64518899
网　　址：http://www.cip.com.cn
凡购买本书，如有缺损质量问题，本社销售中心负责调换。

定　　价：29.90 元

前　言

《分析检测技术》教材是为了更好地为社会和企业培养生产一线上的技术型、应用型的高素质人才而编写的一本理实一体化教材。教材在编写过程中，充分考虑职业教育人才培养模式，特别注重学生能力的培养，强化了教材内容与岗位任务的对接。

本教材以检测任务为驱动、工作过程为导向、项目为载体，突出了职业能力的培养。教材共设置了六个项目，每一个项目又对应着一种或几种分析技术。本教材包括了酸碱滴定、氧化还原滴定、配位滴定、沉淀滴定和重量分析五种化学分析技术，紫外-可见吸收光谱分析、原子吸收光谱分析、电位分析及气相色谱分析四种常用的仪器分析技术。每一项目由2～3个分析任务组成，每个任务与分析检测岗位一线工作相关。本书具有如下特点。

（1）教材从行业企业生产、日常生活、技能大赛等实际出发，将企业新技术、新工艺、新应用、行业标准、技能大赛评分标准及思政教育、劳动教育内容融入教材。

（2）内容贴近检测岗位对知识、技能的要求，贴近学生的心理取向及所具备的知识背景，贴近社会对人才的需求，具有较强的适用性和实用性。

（3）在教材内容上，将分析检测的方法原理、操作要点分散在各个任务中，坚持“先会后懂、理实结合”，简明实用，难度适宜，引导学生在完成分析检测任务的过程中，学习相关知识，掌握相关分析检测的基本技能，培养相应的分析检测能力。

（4）书中融入的数字资源，均为岗位实践必备技能要点。

本教材主要由鲁北技师学院（滨州航空中等职业学校）分析化学教研团队编写，具体编写分工如下：薛晓楠负责编写项目一、项目三；侯卫华负责编写项目二、项目五；顾瑶负责编写项目六；杜嵩松负责编写项目四；刘小欣、厉鹏两位老师进行附录内容的收集、查阅及编写，并对项目内容进行文字校对；无棣鑫岳集团燃化质检中心主任蒋立君给予热情的帮助和指导，并对教材内容进行审阅修改。在编写过程中，参考了有关书籍、视频等资料，在此向有关作者表示衷心的感谢！

由于编者的水平及教学经验有限，时间短促，书中欠妥之处在所难免，敬请同行和读者批评指正。

编者

2022年8月

目录

项目一　分析检验任务准备　/1

项目二　工业碱分析　/26

项目三 金属离子的含量测定 / 60

项目五 工业盐中阴离子含量测定 /114

项目六 典型有机物的测定 /131

附录 /157

参考文献 /163

项目一　分析检验任务准备

任务1　玻璃仪器基础知识的学习

【任务目标】

知识目标

1. 认识常用的玻璃仪器。
2. 学习玻璃仪器的洗涤和干燥。

能力目标

1. 熟悉常用玻璃仪器的名称、规格、用途和使用注意事项。
2. 能够规范使用常用的玻璃仪器。

素质目标

1. 树立团队协作精神，培养良好的工作习惯。
2. 养成节约、细致、务实、求真、严谨的科学态度。
3. 培养学生的安全意识。

【知识储备】

一、常用的玻璃仪器

常用的玻璃仪器如表1-1所示。

表1-1　常用玻璃仪器

仪器	规格及表示法	一般用途	使用方法和注意事项	备注
锥形瓶	以容积（mL）表示，分有塞、无塞，广口、细口和微型几种	1. 反应容器，加热时可避免液体大量蒸发 2. 振荡方便，用于滴定操作	1. 反应液体不能超过锥形瓶容积的2/3 2. 加热时放在石棉网上，使受热均匀。加热后不能直接置于桌面上，应垫以石棉网	1. 防止摇(或搅）动时液体溅出或沸腾时液体溢出 2. 防止玻璃受热不均匀而破裂
量筒	玻璃质。以所能量度的最大容积（mL）表示	量取一定体积的液体	1. 不能作为反应容器，不能加热，不可量取热的液体 2. 读数时视线应与液面水平，读取与弯月面最低点相切的刻度	1. 防止破裂 2. 读数准确

续表

仪器	规格及表示法	一般用途	使用方法和注意事项	备注
表面皿	以口径（cm）表示	1. 用来盖在蒸发皿、烧杯等容器上，以免溶液溅出或灰尘落入 2. 作为称量试剂的容器	1. 不能用火直接加热 2. 作盖用时，其口径应比被盖容器略大 3. 用于称量时应洗净烘干	防止破裂
移液管、吸量管	以所能量度的最大容积（mL）表示	用以精确移取一定体积的液体	1. 将液体吸入，液面超过所需刻度，再用食指按住管口，轻轻转动放气，使液面降至所需刻度后，食指按住管口，移往指定容器上，放开食指，使液体注入 2. 用时先用少量所移取液润洗三次 3. 一般吸管残留的最后一滴液体，不要吹出（完全流出式应吹出） 4. 吸管用后立即清洗，置于吸管架（板）上，以免沾污 5. 具有精确刻度的量器，不能放在烘箱中烘干，不能加热 6. 读取刻度的方法同量筒	1. 确保量取准确 2. 确保所取液浓度或纯度不变 3. 残留于管尖的液体不必吹出，制管时已考虑
容量瓶	玻璃质。以容积（mL）表示，塞子有玻璃的、塑料的两种	用于配制标准溶液	1. 溶质先在烧杯内全部溶解，然后移入容量瓶 2. 不能加热，不能用毛刷洗刷，不能代替试剂瓶用来存放溶液 3. 读取刻度的方法同量筒 4. 不能放在烘箱内烘干 5. 瓶与磨口瓶塞配套使用，不能互换	1. 配制准确 2. 避免影响容量瓶容积的精确度
称量瓶	以外径×高（cm×cm）表示，分扁形、筒形	用于准确称量一定量的固体	1. 盖子是磨口配套的，不得丢失、弄乱 2. 用前应洗净烘干。不用时应洗净，在磨口处垫一小纸条 3. 不能直接用火加热	1. 避免丢失、弄乱盖子以使药品沾污 2. 防止粘连，打不开玻璃盖 3. 防止玻璃破裂
滴定管	滴定管分酸式、碱式两种，以容积（mL）表示；管身颜色为棕色或无色。 滴定管架：金属制。 滴定管夹：塑料或金属	1. 用于滴定或量取准确体积的液体 2. 滴定管夹夹持滴定管，固定在滴定管架上	1. 用前洗净，装液前用预装溶液润洗三次 2. 酸式滴定管滴定时，用左手开启旋塞，碱式滴定管用左手轻捏橡皮管内玻璃珠，溶液即可放出。要注意赶净气泡 3. 酸式滴定管旋塞应擦凡士林，碱式滴定管下端橡皮管不能用洗液洗 4. 酸式滴定管、碱式滴定管不能对调使用 5. 酸液放在具有玻璃旋塞的滴定管中，碱液放在带橡皮管的滴定管中 6. 滴定管要洗净，溶液流下时管壁不得挂有水珠。旋塞下部或橡皮管要充满液体，全管不得留有气泡 7. 滴定管用后应立即洗净 8. 不能加热及量取热的液体，不能用毛刷洗涤内管壁	1. 保证溶液浓度不变 2. 防止将旋塞拉出而喷漏。赶出气泡是为读数准确 3. 旋塞旋转灵活；洗液腐蚀橡皮管 4. 酸液腐蚀橡皮管；碱液腐蚀玻璃，使旋塞粘住而损坏
胶头滴管	由尖嘴玻璃管和橡胶头构成	吸取少量（数滴或1～2mL）试剂	1. 溶液不得吸进橡胶头 2. 用后立即洗净内、外管壁	
干燥器	以内径（cm）表示，分普通、真空干燥两种	1. 存放物品，内放干燥剂，以免物品吸收水分 2. 定量分析时，将灼烧过的坩埚放在其中冷却	1. 灼烧过的物品放入干燥器前，温度不能过高，并在冷却过程中要每隔一定时间开一开盖子，以调节器内压力 2. 干燥器内的干燥剂要按时更换 3. 防止盖子滑动而打破	
滴瓶	以容积（mL）表示，分无色、棕色两种	盛放液体试剂和溶液	1. 不能加热 2. 棕色瓶盛放见光易分解或不稳定的试剂 3. 取用试剂时，滴管要保持垂直，不接触容器内壁，不能插入其它试剂中	

续表

仪器	规格及表示法	一般用途	使用方法和注意事项	备注
细口瓶和广口瓶	以容积（mL）表示，有广口瓶、细口瓶两种，又分磨口、不磨口，无色、棕色等	1. 广口瓶盛放固体试剂 2. 细口瓶盛放液体试剂和溶液	1. 不能直接加热 2. 取用试剂时，瓶盖应倒放在桌上，不能弄脏、弄乱 3. 有磨口塞的试剂瓶不用时应洗净，并在磨口处垫上纸条 4. 盛放碱液时用橡胶塞，防止瓶塞被腐蚀粘牢 5. 棕色瓶盛放见光易分解或不太稳定的物质	1. 防止破裂 2. 防止沾污 3. 防止粘连，不易打开玻璃塞 4. 防止碱液腐蚀玻璃，使塞子打不开 5. 防止物质分解或变质
碘量瓶	碘量法测定中专用的一种锥形瓶，以容积（mL）表示，有 50mL、100mL、250mL、500mL、1000mL 等规格	碘量法或其他生成挥发性物质的定量分析	由于碘液较易挥发而引起误差，因此在用碘量法测定时，反应一般在具有玻璃塞，且瓶口带边的碘量瓶中进行，碘量瓶的塞子和瓶口的边缘都是磨砂的	
培养皿	以玻璃底盖外径（cm）表示	放置固体样品	1. 固体样品放在培养皿中，可放在干燥器或烘箱中烘干 2. 不能加热	

二、玻璃仪器的洗涤

1. 清洗剂与使用范围

① 最常用的清洗剂有肥皂、洗衣粉、去污粉、洗液、有机溶剂等。

② 肥皂、洗衣粉、去污粉等一般用于可以用刷子直接刷洗的玻璃仪器。

③ 洗液多用于不便用刷子洗刷的玻璃仪器，即精密的或较难洗的玻璃仪器，也用于洗涤长久不用的玻璃仪器和刷子刷不到的污垢。用洗液洗涤玻璃仪器，是利用洗液本身与污物起化学反应，将污物洗去。

④ 有机溶剂可用于洗涤有油垢的玻璃仪器，如氯仿、乙醚等可洗除油垢。

2. 洗涤玻璃仪器的方法及要求

（1）使用毛刷洗刷的玻璃仪器的洗涤及要求　使用毛刷洗刷的玻璃仪器包括锥形瓶、碘量瓶、烧杯、漏斗、量筒、量杯、试管、培养皿等。先用自来水冲洗一遍，选择适当毛刷，蘸取肥皂液、洗衣粉或去污粉进行刷洗（左手持容器底边，右手持毛刷沿容器内、外壁顺时针旋转刷洗），然后用流动的自来水冲洗（注意冲洗全面），最后用蒸馏水冲洗三遍（洗净标准：玻璃容器内壁上形成均匀水膜，不挂水珠）。

锥形瓶、碘量瓶等所有具塞玻璃器皿（瓶塞与瓶体用线绳系为一体），洗涤后倒置存放在专用橱中；烧杯、漏斗、量筒、量杯、培养皿放在干净的白瓷盘上，存放于专用橱中自然晾干。

（2）精密或较难洗或不便于用毛刷洗刷的玻璃仪器的洗涤及要求　精密或较难洗或不便于用毛刷洗刷的玻璃仪器包括滴定管、移液管、吸量管、容量瓶等。先用自来水冲洗及自然晾干后，滴定管、移液管放入铬酸洗液缸中至液面下浸泡半小时后，用镊子从洗液中捞起，沥至无洗液流下时，用自来水反复冲洗。吸量管放在专用的下部有漏孔的防腐塑料桶中，在铬酸洗液缸中液面下浸泡半小时后，从专用塑料桶中提出，沥至无洗液流下时，用自来水冲洗。用小塑料烧杯将洗液移入容量瓶中，浸泡半小时后，将容量瓶轻轻倒置，倾出洗液，用自来水来回倒置多次冲洗。

以上各类玻璃仪器用自来水充分冲洗后，用蒸馏水冲洗三遍，观察玻璃仪器能被水润湿、不挂水珠、无污点及白色斑点后，将滴定管、移液管倒置放在专用架上，自然晾干；吸量管倒置放于专用玻璃罩内，自然晾干；容量瓶倒置存放在专用橱内，自然晾干，保证干燥干净。

对于难清洗或不能用毛刷刷洗的玻璃仪器，如小试剂瓶、比色管等，还可以采用超声波清洗法进行清洗。

三、玻璃仪器的干燥

在大多数的实验操作中，要求使用的玻璃仪器是干燥的。因此，洗涤干净的仪器还有一个干燥和保存的问题，这个问题解决得不好，已经洗干净的仪器还有可能被重新沾污。常用的干燥方法如下。

1. 晾干法

将洗干净的仪器倒置在滤纸上、干净的架子上或专用的橱内，任其自然滴水、晾干，倒置还有防尘作用；也可用吹风机将水分吹走。一些不急于使用的、要求一般干燥的仪器（如烧杯、锥形瓶和容量仪器等）常用此法干燥。

2. 烘干法

通常将沾有水分的仪器（如试管、试剂瓶等）置于105～120℃的烘箱内1h，对于厚壁仪器、实心玻璃塞应缓慢升温。但在精密分析工作中使用的量器，如容量瓶、移液管等不能在烘箱中烘干。烘干后的仪器常置于干燥器中存放。

3. 烤干法

着急使用的试管、烧杯、蒸发皿等，可以用灯焰直接将仪器烤干。例如，对于试管，可以将试管倾斜，管口向下，由尾部逐渐向口部烘烤，见不到水珠后，将管口向上，赶尽水汽。烧杯、蒸发皿等可置于石棉网上用小火烤干。一些急用的仪器或不能用高温加热的仪器，例如比色管、称量瓶、移液管、滴定管、研钵等，可以用电吹风将仪器用冷风或热风快速吹干。

4. 吹干法

对于要求快速干燥的仪器，可以在已洗干净的仪器中加一些易挥发的有机溶剂（常用的是酒精或等体积的酒精、丙酮混合物，也可先用酒精再用乙醚），使器壁上残留的水分和这些有机溶剂互溶，倾出后在仪器内残留的混合物会很快挥发，从而达到干燥的目的，若再用电吹风按热风—冷风顺序吹风，则干燥得更快。此法必须保证室内通风、防火、防毒。由于有机溶剂价格较贵，只有在必要时才应用此方法。

四、滴定分析器皿及其使用方法

在滴定分析中，准确地测量溶液的体积，是获得良好分析结果的重要因素。为此，必须了解如何正确地使用容量器皿，如滴定管、容量瓶和移液管等，现分别叙述如下。

1. 滴定管

滴定管是用来进行滴定的量器，用于测量在滴定中所用溶液的体积，滴管是一种细长、内径大小比较均匀且具有刻度的玻璃管，管的下端有玻璃尖嘴（图1-1）。常用的常量滴定管有25mL、50mL等不同的规格。如25mL滴定管就是把滴定管分成25等份，每一等份为1mL，

1mL 中再分 10 等份，每一小格为 0.1mL，读数时，在每一小格间可再估计出 0.01mL。

滴定管一般分为两种，一种是酸式滴定管(图 1-1a)，另一种是碱式滴定管（图 1-1b）。酸式滴定管可盛放酸液及氧化剂，不能盛放碱液，因为酸式滴定管的下端是玻璃旋塞，碱液会腐蚀玻璃，使旋塞难于转动。盛放碱液时要用碱式滴定管，它的下端连接一乳胶管，内放一玻璃珠，以控制溶液的流出，下面再连一尖嘴玻璃管，碱式滴定管不能盛放酸或氧化剂等腐蚀乳胶的溶液。

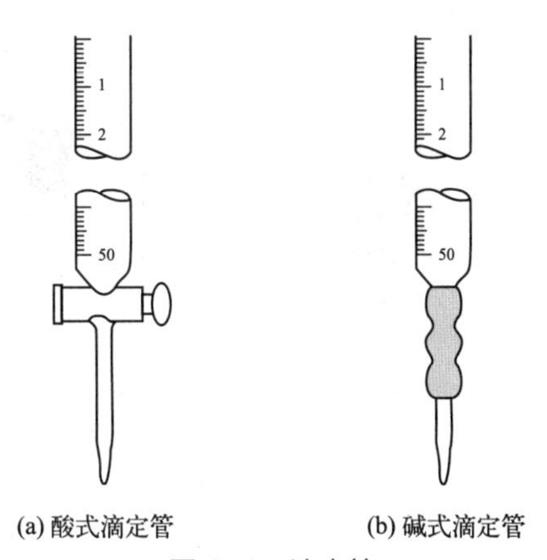

图 1-1　滴定管

为了防止滴定管漏水，在使用之前要将已洗净的滴定管旋塞拔出，用滤纸将旋塞及旋塞套擦干，在旋塞粗端和旋塞套的细端分别涂一薄层凡士林，把旋塞插入旋塞套内，来回转动数次，直到在外面观察时呈透明即可。亦可在玻璃旋塞孔的两端涂上一薄层凡士林（小心不要涂在塞孔处以防堵塞孔眼），然后将旋塞插入旋塞套内，来回旋转旋塞数次直至透明为止（图 1-2）。在旋塞末端套一橡皮圈以防在使用时将旋塞顶出。在滴定管内装入蒸馏水，置滴定管架上直立 2min，观察有无水滴滴下、缝隙中是否有水渗出，然后将旋塞转 180° 再观察一次，没有漏水即可应用。

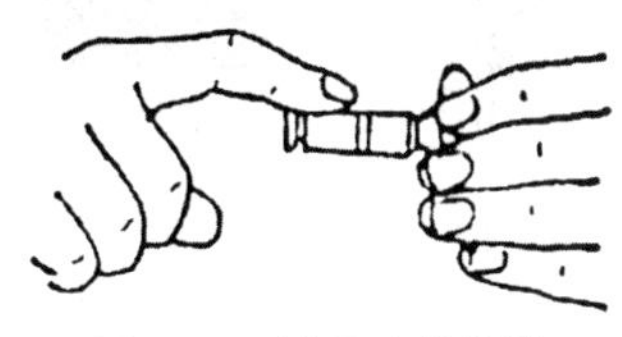
图 1-2　涂凡士林操作

将滴定管夹至滴定管架上或手持滴定管上端无刻度处，自然垂直，并将管下端悬挂的液滴除去。碱式滴定管读数前要将管内的气泡赶尽、尖嘴内充满液体（图 1-3）。滴定管内的液面呈弯月形，无色溶液的弯月面比较清晰，读数时，眼睛视线与溶液弯月面下缘最低点应在同一水平上，眼睛的位置不同会得出不同的读数（图 1-4）。为了使读数清晰，亦可在滴定管后边衬一张白纸片作为背景，形成颜色较深的弯月带，读取弯月面的下缘，这样做会不受光线的影响，易于观察（图 1-5）。深色溶液的弯月面难以看清，如 $KMnO_4$ 溶液，可观察液面的上缘。滴定管的读数应估计到 0.01mL。

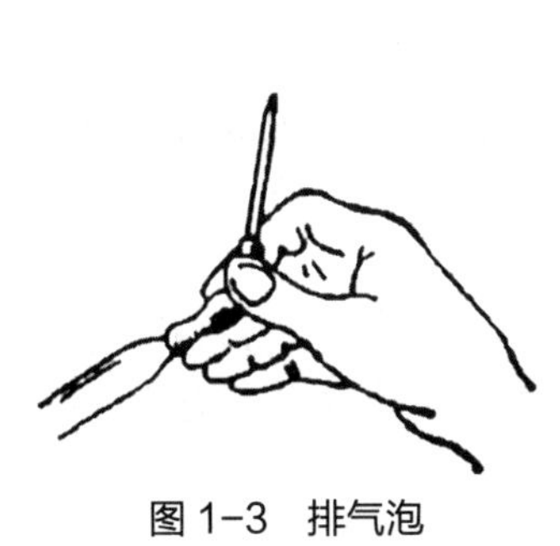
图 1-3　排气泡

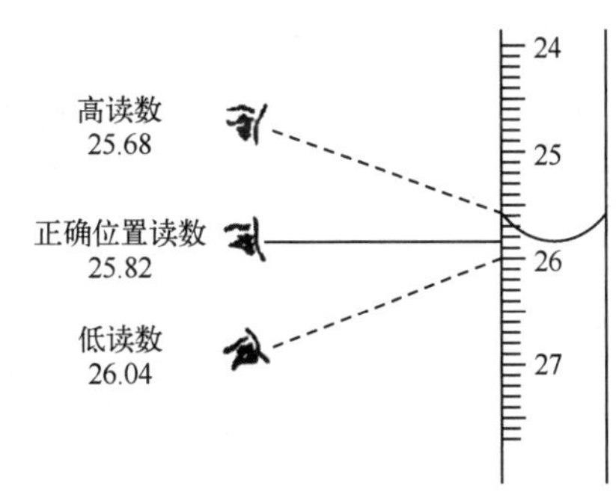

图 1-4　滴定管的读数

由于滴定管刻度不可能非常均匀，所以在同一实验的每次滴定中，溶液的体积应该控制在滴定管刻度的同一部位，最好是初始零刻度处，这样由于刻度不准确而引起的误差可以抵消。

滴定操作：用左手控制滴定管的旋塞或玻璃珠，右手拿锥形瓶。使用酸式滴定管时（图 1-6），左手拇指在前，食指及中指在后，一起控制旋塞，在转动旋塞时，手指微微弯曲，轻轻向里扣住，手心不要顶住旋塞小头一端，以免顶出旋塞，使溶液溅漏（图 1-7）。使用碱式滴定管时，用手指捏玻璃珠所在部位稍上的橡皮，使形成一条缝隙，溶液即可流出（图 1-8）。

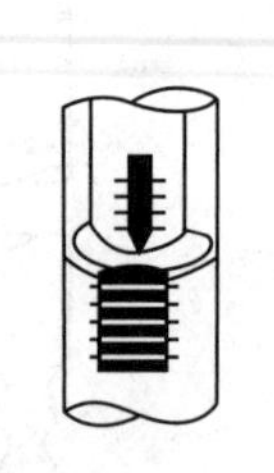

(a) 白底蓝线管读数

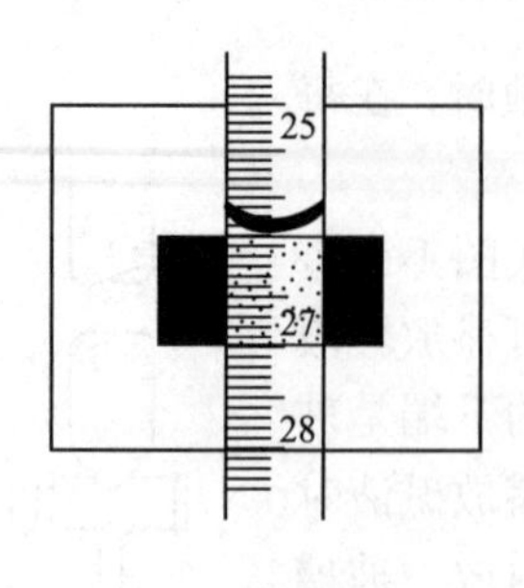

(b) 衬黑白卡读数

图 1–5　衬托读数

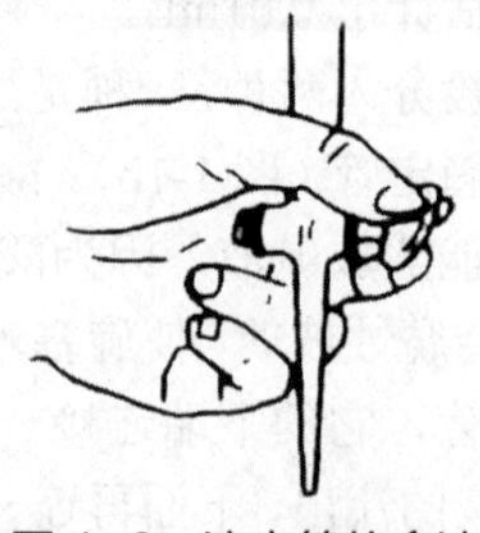

图 1–6　滴定管的拿法

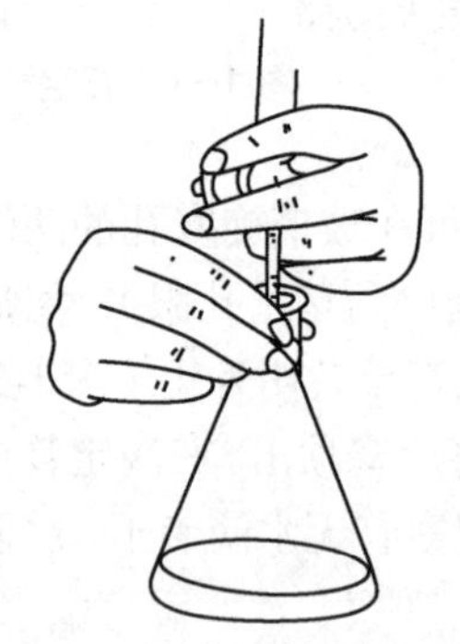

图 1–7　酸式滴定管滴定操作

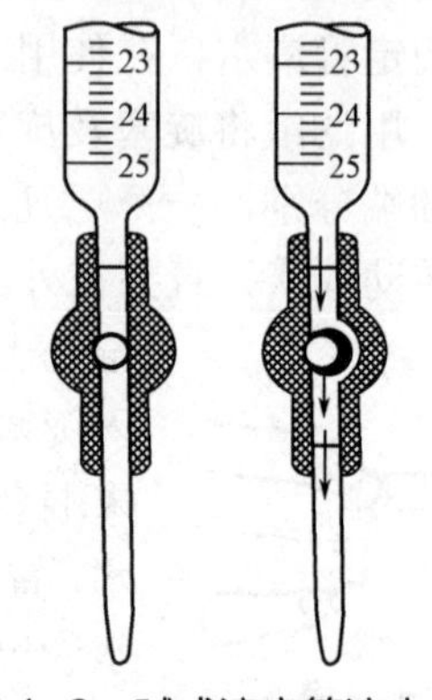

图 1–8　碱式滴定管滴定操作

滴定管的使用

滴定时，按图 1-7 所示，左手控制溶液流量，右手拿住瓶颈，并向同一方向做圆周运动地旋摇，这样使滴下的溶液能较快地被分散并进行化学反应。但注意不要使瓶内溶液溅出。在接近终点时，必须用少量蒸馏水吹洗锥形瓶壁，使溅起的溶液淋下，反应完全。同时，滴定速度要放慢，以防滴定过量，每次加入 1 滴或半滴溶液，不断摇动，直至到达终点。

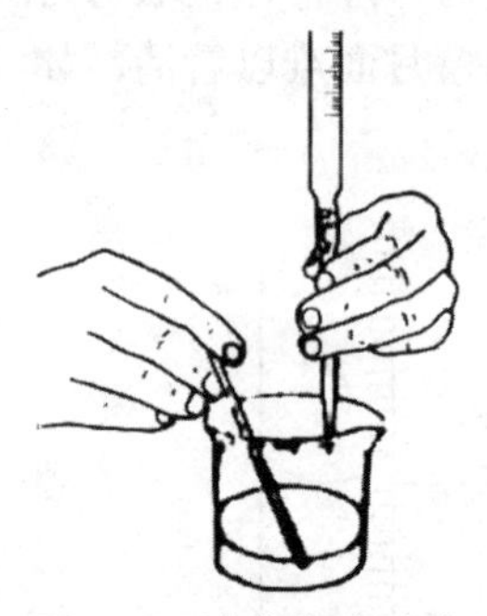

图 1–9　在烧杯中滴定

在烧杯中滴定时，调节滴定管的高度，使滴定管的下端伸入烧杯内 1cm 左右。滴定管下端应在烧杯中心的左后方处，但不要靠内壁。右手持搅拌棒在右前方搅拌溶液。在左手滴加溶液的同时，搅拌棒应做圆周运动搅动，但不得接触烧杯壁和底（图 1-9）。在加半滴溶液时，用搅拌棒下端承接悬挂的半滴溶液，放入烧杯中摇匀。注意，搅拌棒只能接触溶液，不要接触滴定管尖。

滴定结束后，滴定管剩余的溶液应弃去，不得将其倒回原瓶，以免污染整瓶溶液。随即洗净滴定管，并用蒸馏水充满全管，备用。

2. 容量瓶

容量瓶是一种细颈梨形的平底瓶（图 1-10），配套有磨口塞或塑料塞。颈上有标线，表示在所指温度下当液体充满到标线时，液体体积恰好与瓶上所注明的体积相等。容量瓶一般用来配制标准溶液或试样溶液。

容量瓶在使用前先要检查其是否漏水。检查的方法：放入自来水至标线附近，盖好瓶塞，将瓶外水珠擦拭干净，用左手按住瓶塞，右手指顶住瓶底边缘，把瓶倒立 2min，用滤纸检查瓶塞周围是否有水渗出，如果不漏，将瓶直立，把瓶塞转动约 180° 后，再倒立过来试一次。

使用以上步骤检查两次，因为瓶塞与瓶口不是任何位置都密合的。

在配制溶液时，先将容量瓶洗净。如用固体物质配制溶液，应先将固体物质在烧杯中溶解，再将溶液转移至容量瓶中，转移时，要使玻璃棒的下端靠近瓶颈内壁，使溶液沿壁流下（图 1-11），溶液全部流完后，将烧杯轻轻沿玻璃棒上提，同时直立，使附着在玻璃棒与烧杯嘴中间的溶液流回到杯中，然后用蒸馏水洗涤烧杯三次，洗涤液一并转入容量瓶。如果固体物质是易溶的，而且溶解时又没有很大的热效应发生，可以把一干净漏斗放在容量瓶上，将已称样品倒入漏斗中（这时大部分样品已经落入容量瓶中）。然后用洗瓶吹出少量蒸馏水，将残留在漏斗上的样品完全洗入容量瓶中，冲洗几次后，轻轻提起漏斗，再用洗瓶的水充分冲洗。

当加入蒸馏水至容量瓶容积约 2/3 时，平摇容量瓶，使溶液混匀，继续加蒸馏水至距离容量瓶标线 1～2cm 处时，等 1～2min，改慢慢滴加（或改用胶头滴管滴加），直至溶液的弯月面与标线相切为止。

盖好瓶塞，将容量瓶倒转，使瓶内气泡上升，并将溶液振荡数次，再倒转过来，使气泡再直升到顶，如此反复十余次，直至溶液混合均匀为止（图 1-12）。

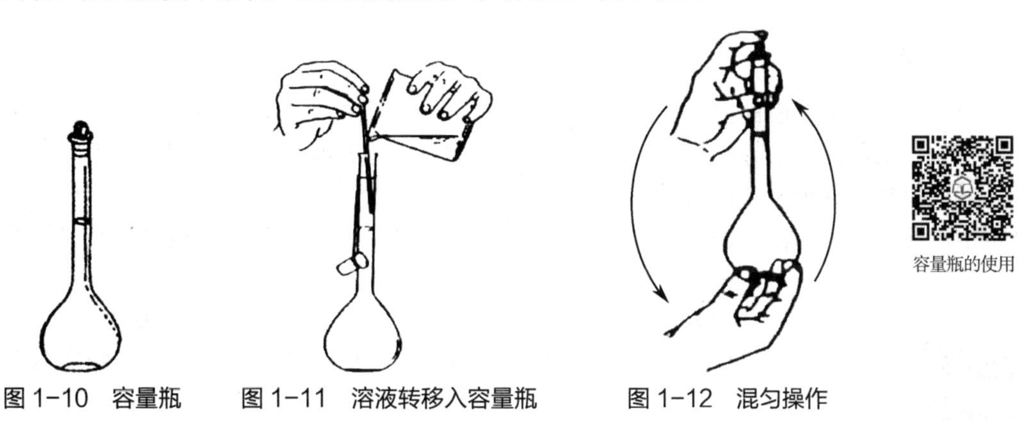

图 1-10　容量瓶　　图 1-11　溶液转移入容量瓶　　图 1-12　混匀操作

容量瓶不能久贮溶液，尤其是碱性溶液，会侵蚀瓶塞，使其无法打开。所以，配制好溶液后，应将溶液倒入清洁干燥的试剂瓶中贮存。容量瓶不能用火直接加热及烘烤。

3. 移液管、吸量管

移液管（单标线吸管）是用于准确移取一定体积溶液的量器。移液管是一种中部膨大、两端细长的尖嘴玻璃管，其上部有一环形标线，表示在一定温度下移出液体的体积，该体积和使用温度标在移液管中部膨大部分。常用的移液管有 5mL、10mL、25mL、50mL 等规格。吸量管，又称刻度移液管，带有分刻度且下端有尖嘴，用以准确移取不同体积液体的直形玻璃管。常用的吸量管有 1mL、2mL、5mL、10mL 等规格。

使用时，洗净的移液管要用被吸取的溶液润洗三次，以除去管内残留的水分。为此，可倒少许溶液于一洁净而干燥的小烧杯中，用移液管吸取少量溶液，将管横偏下转动，使溶液流过管内标线下所有的内壁，然后使管直立使溶液由尖嘴口放出（图 1-13）。

吸取溶液时，一般可以用左手拿洗耳球，右手把移液管插入溶液中吸取。当溶液吸至标线以上时，马上用右手食指按住管口，取出移液管用滤纸擦干下端，然后稍松食指，使液面平稳下降，直至溶液的弯月面与标线相切，立即按紧食指，将移液管垂直放入接收溶液的容器中，管尖与容器壁接触（图 1-14），放松食指，使溶液自由流出，流完后再等 15s。残留于管尖的液体不必吹出，因为在校正移液管时，也未把这部分液体体积计算在内。移液管使用后，应立即洗净放在移液管架上。

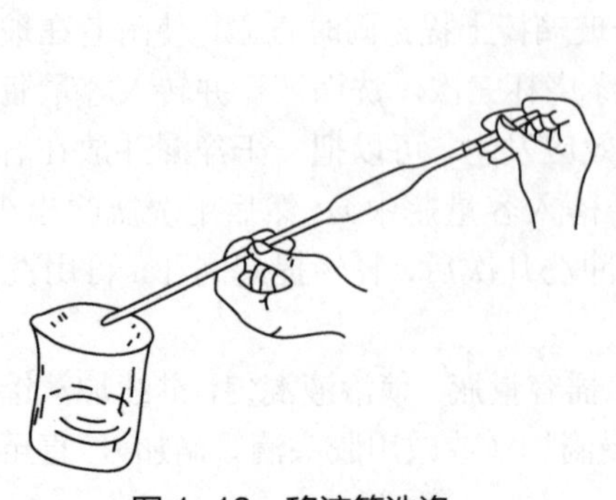

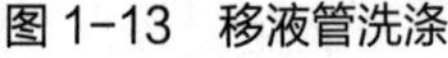

图 1-13　移液管洗涤

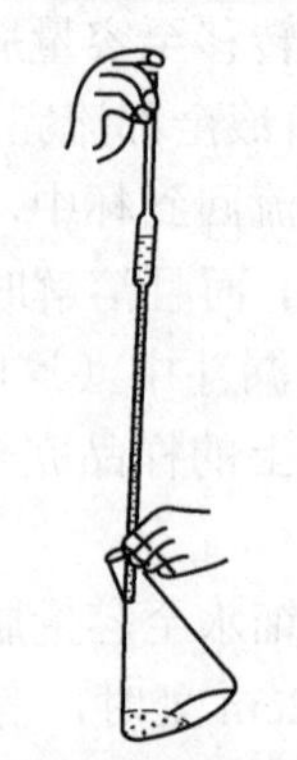

图 1-14　从移液管放出液体

五、容量器皿的检定

1. 方法

容量器皿在出厂前都按国家计量技术规范的规定，经检验合格才可出厂使用。但由于温度的变化、试剂的浸蚀等原因，容量器皿的实际体积与它所标示出的体积往往不完全相符，甚至其误差超过分析所允许的误差范围。因此，在容量分析中，尤其对于准确度要求较高的分析中，应当对容量器皿进行校准。在实际分析工作中，通常采用相对校准和绝对校准两种校准方法。

移液管和容量瓶的相对校准

（1）相对校准　当要求两种容量器皿之间有一定的比例关系时，采用相对校准法。例如用 25mL 移液管量取液体的体积应等于 250mL 容量瓶所量取液体体积的 1/10。

（2）绝对校准　绝对校准即测定容量器皿的实际体积。采用称量法，即称量容量器皿可容纳（量入式量器）或所放出（量出式量器）的纯水的质量，除以水的密度，即得到量器的实际体积。称量水的质量时应考虑以下三方面的因素：水的密度随温度而改变；空气浮力对称量水质量的影响；玻璃容器本身容积随温度而改变。

在不同温度下查得水的密度一般为真空中水的质量与其体积之比。而实际称量水的质量是在室温下和空气中进行的，因此应当将水的密度进行校正。

① 对水的密度进行空气浮力的校正：其水的密度校正公式如下

$$\rho_t'=\frac{\rho_t}{1+\frac{0.0012}{\rho_t}-\frac{0.0012}{8.4}}$$

式中　ρ_t'——校正后的水密度；

ρ_t——水的密度。

② 对水的密度随温度而改变的校正：玻璃容器的容积随温度变化而改变，因此在容量器皿上都标着标准温度（20℃），表明在 20℃时正好等于容量器皿所标示的体积。如果校正时不是 20℃，还需要加玻璃容器随温度变化的校正值。因此得出水密度总的校正公式为

$$\rho_t'' = \frac{\rho_t}{1+\frac{0.0012}{\rho_t}-\frac{0.0012}{8.4}} + 0.000025\times(t-20)\rho_t$$

式中　ρ_t''——温度 t 时水的校正密度，g/mL；

t——校正时的温度,℃；

ρ_t——水的密度，g/mL；

0.0012——空气的密度；

8.4——黄铜砝码的密度；

0.000025——玻璃的体膨胀系数。

不同温度下水的密度都已经准确测定计算过，如表 1-2。

表 1-2　不同温度时水的密度（ρ_t 和 ρ_t''）

温度/℃	ρ_t /(g/mL)	ρ_t'' /(g/mL)	温度/℃	ρ_t /(g/mL)	ρ_t'' /(g/mL)
5	0.99996	0.99853	18	0.99860	0.99751
6	0.99994	0.99853	19	0.99841	0.99735
7	0.99990	0.99852	20	0.99821	0.99715
8	0.99985	0.99849	21	0.99799	0.99695
9	0.99978	0.99845	22	0.99777	0.99676
10	0.99970	0.99839	23	0.99754	0.99655
11	0.99961	0.99832	24	0.99730	0.99634
12	0.99950	0.99823	25	0.99705	0.99612
13	0.99938	0.99814	26	0.99679	0.99588
14	0.99925	0.99804	27	0.99652	0.99566
15	0.99910	0.99793	28	0.99624	0.99539
16	0.99894	0.99778	29	0.99595	0.99512
17	0.99878	0.99766	30	0.99565	0.99485

根据表 1-2 可以计算任意温度下一定质量的纯水所占的实际体积。例如 25℃校准滴定管时，称得纯水质量为 9.910g，其实际体积为：

$$\frac{9.910}{0.99612} = 9.95(\text{mL})$$

【例 1-1】 15℃时，已知 25mL 移液管移取纯水的质量为 24.95g，已知 15℃时水的密度为 0.99793g/mL，则该移液管在 15℃时的实际体积是多少？

解：

$$\frac{24.95}{0.99793} = 25.00(\text{mL})$$

答：该移液管在 15℃时的实际体积为 25.00mL。

【例 1-2】 在 16℃时用玻璃容器量取 1mL 水，在空气中用黄铜砝码称量，则水的质量为多少克？（即求 ρ_t''）

解：

$$\rho_t'' = \frac{\rho_t}{1+\frac{0.0012}{\rho_t}-\frac{0.0012}{8.4}} + 0.000025\times(t-20)\rho_t$$

$$= \frac{0.99894}{1+\frac{0.0012}{0.99894}-\frac{0.0012}{8.4}} + 0.000025\times(16-20)\times0.99894 = 0.99778(\text{g/mL})$$

答： 16℃时用玻璃容器量取 1mL 水的质量为 0.99778g。

（3）溶液体积的校正　上述容量器皿校准，容积是以 20℃为标准的，即只是在 20℃时使用是正确的，但随着温度的变化，容器和溶液的膨胀系数不同，因此如果不是在 20℃时使用，则量取的溶液体积也需进行校准（即温度补正）。

【例 1-3】　5℃时量取 1000mL 水，问在 20℃时其体积应为多少？

解： 查表 1-2 知 5℃时水的密度为 0.99853g/mL，则 1000mL 水的质量为：

$$0.99853\times1000 = 998.53(\text{g})$$

查表 1-2 知 20℃时水的密度为 0.99715g/mL，在 20℃时其体积应为

$$\frac{998.53}{0.99715} = 1001.38(\text{mL})$$

答： 在 20℃时其体积为 1001.38mL。

例 1-3 结果表明，在 5℃下使用时，每 1000mL 水的校正值应为

$$1001.38-1000 = 1.38(\text{mL})$$

表 1-3 列出了国标中部分在不同温度下 1000mL 水（或稀溶液）换算到 20℃时，其体积（单位为 mL）应增减的数值。

表 1-3　不同温度下标准滴定溶液体积的补正值　　　　（单位：mL/L）

温度/℃	水及 0.05mol/L 以下的各种水溶液	0.1mol/L 及 0.2mol/L 各种水溶液	0.5mol/L HCl 溶液	1mol/L HCl 溶液	0.5mol/L $1/2H_2SO_4$ 溶液、0.5mol/L NaOH 溶液	1mol/L $1/2H_2SO_4$ 溶液、1mol/L NaOH 溶液	1mol/L $1/2Na_2CO_3$ 溶液
5	+1.38	+1.7	+1.9	+2.3	+2.4	+3.6	+3.3
10	+1.23	+1.5	+1.6	+1.9	+2.0	+2.5	+2.4
15	+0.77	+0.9	+0.9	+1.0	+1.1	+1.3	+1.3
19	+0.18	+0.2	+0.2	+0.2	+0.2	+0.3	+0.3
20	0.00	0.00	0.00	0.00	0.00	0.0	0.0
21	−0.18	−0.2	−0.2	−0.2	−0.2	−0.3	−0.3
22	−0.38	−0.4	−0.4	−0.5	−0.5	−0.6	−0.6
23	−0.58	−0.6	−0.7	−0.7	−0.8	−0.9	−0.9
24	−0.80	−0.9	−0.9	−1.0	−1.0	−1.2	−1.2
25	−1.03	−1.1	−1.1	−1.2	−1.3	−1.5	−1.5
30	−2.30	−2.5	−2.5	−2.6	−2.8	−3.2	−3.1

注：1. 表中数值以 20℃为标准温度用实测法测出。

2. 表中带有“+”“−”号的数值是以 20℃为分界。温度低于 20℃的补正值为“+”，温度高于 20℃的补正值为“−”。

3. 本表的用法，如 1L 硫酸溶液[$c(1/2H_2SO_4)$=1mol/L]由 25℃换算为 20℃时，其体积补正值为−1.5，故 40.00mL 换算为 20℃时的体积为：$V = 40.00 - \frac{1.5}{1000}\times40.00 = 39.94(\text{mL})$

【例 1-4】 如果在 10℃时滴定用去 25.00mL 0.1mol/L 某标准溶液，换算为 20℃时的体积是多少？（已知 10℃下 1000mL 水换算为 20℃时的校正值为 1.5。）

解：

$$V = 25.00 + \frac{1.5}{1000} \times 25.00 = 25.04(\text{mL})$$

答： 换算为 20℃时的体积是 25.04mL。

2. 操作步骤

（1）滴定管的校准　将已洗净的滴定管装满蒸馏水，调节水的弯月面至零刻度处，然后放出一定体积的水于已称重且外壁干燥的 25.00mL 带磨口塞的锥形瓶中（按国家计量技术规范规定，常量滴定管分五段进行校正。每次放出纯水的体积叫表观体积，根据滴定管的大小不同，表观体积的大小可分为 1mL、5mL、10mL，用同一台分析天平称其质量，准确至 0.01g），再称重，两次质量之差，即为水的质量。然后用水的质量除以表 1-2 中该温度时水的密度即可求得实际体积。最后求其校准值。

为减少误差，校准时需要注意：最好从头做到尾使用同一容器，尽量减少倾空次数；每次倾空后，容器外面不可有水，瓶口内残留的水也要用滤纸吸干；从滴定管往容器中放水时，尽可能不要沾湿瓶口，也不要溅失。

表 1-14 中是 50mL 滴定管的标准数据。

表 1-4　50mL 滴定管的校准数据

滴定管体积读数/mL	表观体积/mL	瓶和水的质量/g	水的质量/g	实际体积/mL	校正值/mL	总校正值/mL
0.00		29.20（空瓶）				
10.10	10.10	39.28	10.08	10.12	+0.02	+0.02
20.07	9.97	49.19	9.91	9.95	−0.02	0.00
30.14	10.07	59.27	10.08	10.12	+0.05	+0.05
40.17	10.03	69.24	9.97	10.01	−0.02	+0.03
49.96	9.79	79.07	9.83	9.87	+0.08	+0.11

注：水的温度为 25℃，水的密度为 0.9961g/mL。

（2）移液管的校准　将移液管洗净，吸取蒸馏水至标线以上，调节水的弯月面至标线，按前述的使用方法将水放入已称重的锥形瓶中，再称量。两次质量之差为量出水的质量。从表 1-2 查得该实验温度时水的密度，水的质量除以水的密度即得移液管的实际体积。

（3）容量瓶的校准　将洗净的容量瓶倒置空干，并使之自然干燥，称空瓶质量。注入蒸馏水至标线（注意瓶颈内壁标线以上不能挂有水滴），再称量。两次质量之差即为瓶中水的质量。从表 1-2 查得该实验温度时水的密度，水的质量除以水的密度即得该容量瓶的实际体积。

实际上，移液管常与容量瓶配合使用，这时重要的不是知道移液管和容量瓶的绝对体积，而是要知道它们之间的体积是否成准确比例，因此只做相对校正便可。例如，校正 100mL 容量瓶与 25mL 移液管时，可用移液管吸取 4 次蒸馏水，转移入容量瓶中，检查液面是否与容量瓶标线一致，如不一致，可在瓶颈液面处作一新记号。使用时，将溶液稀释至新标线处。同时，用这支移液管从这个容量瓶中吸取一管溶液，就是全部溶液体积的 1/4。

六、玻璃仪器的使用注意事项

① 玻璃极易破碎，实验过程中容易被玻璃划伤！在洗涤、使用玻璃仪器时应特别注意安全。

② 洗涤之前，检查玻璃仪器是否有破损。如出现破损，应及时报告老师！

③ 玻璃仪器一定要轻拿轻放，防止破裂！

④ 玻璃仪器不能承受巨大的温差，所以加热后的玻璃不可用冷水冷却，以免发生炸裂。

⑤ 移液管必须放在移液管架上，以防管尖破损。

⑥ 移液管上端口要平整，否则移液过程中易漏液而不能准确移液。

⑦ 洗液不能从移液管上方放出，而滴定管可以。

⑧ 精密玻璃仪器不能用毛刷刷洗，可用洗液清洗！

⑨ 滴定管价格较贵，使用时一定要注意，切不可将滴定管上口连接在水龙头上清洗。

七、实验室用水

根据中华人民共和国国家标准 GB/T 6682–2008《分析实验室用水规格和试验方法》的规定，分析化学实验室用水分为三个级别：一级水、二级水、三级水（表 1-5）。

表 1–5　分析化学实验室用水级别

级别	用途	制取方法	实例
一级水	用于有严格要求的分析试验	可用二级水经过石英设备蒸馏或离子交换混合床处理后，再经过 0.2μm 微孔滤膜过滤来制取	高效液相色谱分析用水
二级水	用于无机痕量分析等试验	可用多次蒸馏或离子交换等方法制取	原子吸收光谱分析用水
三级水	用于一般化学分析试验	可用蒸馏或离子交换等方法制取	普通的化学分析用水

八、化学试剂

根据我国国家标准，一般化学试剂按其纯度和含杂质的多少可分为四级（表 1-6）。

表 1–6　化学试剂等级

试剂等级	符号	标签颜色	适用范围
一级试剂（优级纯试剂）	GR	绿色	纯度很高，适用于精密分析及科学研究工作
二级试剂（分析纯试剂）	AR	红色	纯度仅低于一级试剂，主要适用于一般定性定量分析和科学研究
三级试剂（化学纯试剂）	CP	蓝色	适用于一般分析工作及化学制备实验
四级试剂（实验试剂）	LR	黄色或棕色	纯度较低，适用于实验辅助试剂及一般性的化学制备

【任务实施】

一、认识各种玻璃仪器

① 容器：烧杯、锥形瓶、烧瓶、试剂瓶、试管。

② 量器：量筒、量杯、容量瓶、滴定管、移液管、吸量管。

③ 其他仪器：漏斗、抽滤瓶、干燥器、表面皿、胶头滴管、冷凝管等。

二、玻璃仪器的洗涤

① 可以用毛刷刷洗的玻璃仪器的洗涤。

洗涤下列仪器直至洁净：烧杯、玻璃棒、锥形瓶、试剂瓶、试管。

② 不可以用毛刷刷洗的玻璃仪器的洗涤。

洗涤下列仪器直至洁净：移液管、滴定管、吸量管、容量瓶。

三、玻璃仪器的使用练习

① 容器：烧杯、锥形瓶、烧瓶、试剂瓶、试管。

② 量器：量筒、量杯、滴定管、移液管、吸量管、容量瓶。

③ 其他：漏斗、干燥器、表面皿、胶头滴管。

四、容量仪器的检定

① 滴定管。

② 容量瓶。

【巩固提高】

1. 玻璃仪器的洗净标准是什么？

2. 哪些玻璃仪器可以用毛刷刷洗？哪些不能？

3. 校准滴定管时，在 27℃时由滴定管放出 10.05mL 水，称其质量为 10.06g，已知 27℃时水的密度为 0.99566g/mL，在 20℃时的实际体积为 10.10mL，计算其校正体积。

4. 校正滴定管时，为什么每次放出的水都要从零刻度开始？

5. 校正量器时为什么要求使用蒸馏水而不用自来水？为什么要测水温？

6. 为什么量器都按 20℃体积进行体积校正？

任务 2　电子分析天平的称量练习

【任务目标】

知识目标

1. 理解准确度、精密度的概念及二者之间的关系。

2. 掌握分析数据的处理方法及分析结果的表示。

3. 熟悉定量分析误差的分类、来源、减免方法及表示方法。

4. 理解有效数字的含义，掌握有效数字位数的确定、修约规则、运算规则和可疑值的取舍。

5. 熟悉分析天平的结构，初步掌握固定质量称量法和差减法。

能力目标

1. 通过对某企业产品分析结果的处理与评价，提出提高分析结果准确度、精密度的基本措施。

2. 能分析检验误差产生的原因，并能正确修正。

3. 能够熟练使用分析天平。

素质目标

1. 明确实验数据对分析结果的重要性、分析结果对生产和生活的重要性，树立真实记录、科学处理数据的严肃认真的科学态度。

2. 养成保证分析结果真实、可靠和准确的严谨的工作习惯和工作作风。

【知识储备】

一、误差的分类

定量分析的任务：准确测定试样中的组分的含量。

实际测定中，由于受分析方法、仪器、试剂、操作技术等限制，测定结果不可能与真实值完全一致。同一分析人员用同一方法对同一试样在相同条件下进行多次测定，测定结果也总不能完全一致，分析结果在一定范围内波动。

由此可见，客观上误差是经常存在的，在实验过程中，必须检查误差产生的原因，采取应对措施，提高分析结果的准确度。同时，对分析结果准确度进行正确表述和评价。

误差是分析结果与真实值之间的差值。分析结果大于真实值，误差为正；分析结果小于真实值，误差为负。据误差产生的原因，可将误差大致分为系统误差和偶然误差。系统误差可被检定和校正；偶然误差可控制但较难。只有校正了系统误差和控制了偶然误差，测定结果才可靠。

1. 系统误差

系统误差（systematic error）又称可定误差，是指在分析过程中，由于某些固定的、经常性的因素所造成的误差。它的大小和正负是可测的，故又称可测误差。

（1）系统误差主要来源

① 方法误差：由于拟定的分析方法本身不十分完善所造成的。如：反应不能定量完成、有副反应发生、滴定终点与化学计量点不一致、干扰组分存在等。

② 仪器误差：主要是由仪器本身不够准确或未经校准引起的。如：量器（容量瓶、滴定管等）刻度不准对测定结果产生的误差。

③ 试剂误差：由于试剂不纯和蒸馏水中含有微量杂质所引起的误差。

④ 操作误差；主要指在正常操作情况下，由于分析工作者掌握操作规程与控制条件不当所引起的。如滴定管读数总是偏高或偏低。

（2）特性　重复性、单向性、可测性。

（3）减免方法　可以用对照试验、空白试验、校正仪器、改进分析方法、使用符合要求的试剂等办法减免系统误差。

2. 偶然误差

偶然误差（random error）又称随机误差，也称不可定误差。

（1）产生原因　与系统误差不同，它是由于某些偶然的因素所引起的。如：测定时环境的温度、湿度和气压的微小波动，仪器性能的微小变化等。

（2）特性　有时正、有时负，有时大、有时小，难控制（方向大小不固定，似无规律），但在消除系统误差后，在同样条件下进行多次平行测定，则可发现其分布也服从一定规律（统计学正态分布），可用统计学方法来处理。

（3）减小方法　多次平行测定，取平均值表示分析结果。

二、准确度与精密度

1. 准确度与误差（accuracy and error）

准确度：测量值（x）与公认真实值（μ）之间的符合程度。 它说明测定结果的可靠性，用误差值来量度：

绝对误差 ＝ 个别测得值–真实值

$$E = x - \mu \tag{1-1}$$

但绝对误差不能完全地说明测定的准确度，即它没有与被测物质的质量联系起来。如果被称量物质的质量分别为 1g 和 0.1g，称量的绝对误差同样是 0.0001g，但其含义不同，故分析结果的准确度常用相对误差（RE）表示：

$$RE = \frac{x - \mu}{\mu} \times 100\% \tag{1-2}$$

RE 反映了误差在真实值中所占的比例，用来比较在各种情况下测定结果的准确度比较合理。

2. 精密度与偏差（precision and deviation）

精密度：是在受控条件下多次测定结果的相互符合程度，表达了测定结果的重复性和再现性。用偏差表示。

（1）偏差

绝对偏差：
$$d_i = x_i - \bar{x} \tag{1-3}$$

相对偏差：
$$d_{\mathrm{r}} = \frac{d_i}{\bar{x}} \times 100\% \tag{1-4}$$

绝对偏差（d_i）和相对偏差（d_{r}）都是指个别测定结果与平均值 $\bar{x}$ 之间的差值。对于多次测定结果的精密度，实际分析中，常用平均偏差来表示。

（2）平均偏差　当测定为无限多次，实际上>30 次时，测定的平均值接近真实值，此时：

总体平均偏差
$$\delta = \frac{\sum |x - \mu|}{n} \tag{1-5}$$

总体为研究对象的全体（测定次数为无限次）；样本为从总体中随机抽出的一小部分。

当测定次数仅为有限次，在定量分析的实际测定中，测定次数一般较小，<20 次时：

平均偏差（样本） $$\delta=\frac{\sum|x-\overline{x}|}{n} \tag{1-6}$$

绝对平均偏差（$\overline{d}$）是指各次测定结果绝对偏差的绝对值的平均值。当测定次数 n 次时：

$$\overline{d}=\frac{|d_1|+|d_2|+|d_3|+\cdots+|d_n|}{n} \tag{1-7}$$

相对平均偏差（$\overline{d}_r$）是指绝对平均偏差在平均值中所占的比例。即：

$$\overline{d}_r=\frac{\overline{d}}{\overline{x}}\times100\% \tag{1-8}$$

【例 1–5】 某分析人员测得某试样中某组分的含量分别为：17.16%、17.18%和 17.17%，计算其平均值、绝对偏差、绝对平均偏差和相对平均偏差。

解：

$$\overline{x}=\frac{17.16\%+17.18\%+17.17\%}{3}=17.17\%$$

$$d_1=17.16\%-17.17\%=-0.01\%$$

$$d_2=17.18\%-17.17\%=0.01\%$$

$$d_3=17.17\%-17.17\%=0$$

$$\overline{d}=\frac{|-0.01\%|+|0.01\%|+0}{3}=0.0067\%$$

$$\overline{d}_r=\frac{0.0067\%}{17.17\%}=0.039\%$$

答： 平均值为 17.17%。绝对偏差分别为–0.01%、0.01%、0。绝对平均偏差为 0.0067%。相对平均偏差为 0.039%。

用平均偏差表示精密度比较简单，但不足之处是在一系列测定中，小的偏差测定总次数总是占多数，而大的偏差的测定总是占少数。因此，在数理统计中，常用标准偏差表示精密度。

（3）标准偏差

① 总体标准偏差。当测定次数大量（>30 次）时，测定的平均值接近真实值，此时标准偏差用 σ 表示：

$$\sigma=\sqrt{\frac{\sum_{i=1}^{n}(x_i-\mu)^2}{n}} \tag{1-9}$$

② 样本标准偏差。在实际测定中，测定次数有限，一般 $n<30$，此时，统计学中用样本的标准偏差 S（或 SD）来衡量分析数据的分散程度：

$$S=\sqrt{\frac{\sum_{i=1}^{n}(x_i-\overline{x})^2}{n-1}} \tag{1-10}$$

式中，(n–1) 为自由度，它说明在 n 次测定中，只有 (n–1) 个可变偏差，引入 (n–1) 主要是为了校正以样本平均值代替总体平均值所引起的误差。

即
$$\lim_{n\to\infty}\frac{\sum(x_i-\overline{x})^2}{n-1}\approx\frac{\sum(x_i-\mu)^2}{n} \tag{1-11}$$

而
$$S\to\sigma$$

③ 样本的相对标准偏差也称变异系数（*RSD*），是标准偏差占测量平均值的比例，表示式为：

$$RSD=\frac{S}{\overline{x}}\times100\% \tag{1-12}$$

④ 样本平均值的标准偏差

$$S_{\overline{x}}=\frac{S}{\sqrt{n}} \tag{1-13}$$

式（1-13）说明：平均值的标准偏差以测定次数的平方根呈正比例减少。用标准偏差表示精密度比用平均偏差好，因为将单次测定结果的偏差平方后，较大的偏差能更显著地反映出来。

（4）准确度与精密度的关系　精密度高，准确度不一定高；准确度高，一定要精密度好。精密度是保证准确度的先决条件，精密度高的分析结果才有可能获得高准确度。

准确度是反映系统误差和随机误差两者的综合指标。

三、分析数据的处理

1. 有效数字及其运算规则

（1）有效数字的意义和位数

① 有效数字是指在定量分析中，实际能测到的数字，包括所有能准确测量到的数字和最后一位可疑数字。

② 有效数字位数及数据中的“0”。

有效数字位数的确定，一般有如下规则：

①“0”的双重含义：作为普通数字使用或作为定位的标志。例如：滴定管读数为20.30mL。两个“0”都是测量出的值，算作普通数字，都是有效数字，这个数据有效数字位数是四位。若单位改用“L”，该数据表示为0.02030L，前两个“0”是起定位作用的，不是有效数字，此数据的有效数字也是四位。

② 化学计量关系中的分数和倍数，这些数不是测量所得，可看成具有无限多位有效数字，视具体情况而定。以“0”结尾的正整数，可视为有效数字位数不确定，例如3600，就不确定是几位有效数字，可能为二位或三位，也可能是四位。遇到这种情况，应根据实际有效数字书写成指数形式：3.6×10^3，3.60×10^3，3.600×10^3。

③ pH、pOH 和 lg*K* 等对数值，其有效数字的位数仅取决于小数部分的位数。例如，pH=13.15为两位有效数字，而不是四位。整数部分13不是有效数字，其数学意义与确定小数点位置的“0”相同。

1.0005		五位有效数字
0.5000	31.05%	四位有效数字
0.0540	1.86×10^{-5}	三位有效数字
0.0054	pH=11.02	两位有效数字
0.5	0.002%	一位有效数字

（2）有效数字的表示及运算规则

① 记录一个测定值时，只保留一位可疑数字。

② 整理数据和运算中弃取多余数字时，采用“数字修约规则” 四舍六入五留双；五后非零则进一；不许连续修约；五后皆零视奇偶；五前为奇则进一；五前为偶则舍弃。

将下列测量值修约为四位有效数字，其结果为：

0.62664 保留四位有效数字为 0.6266；0.26266 保留四位有效数字为 0.2627；10.1350 保留四位有效数字为 10.14；350.650 保留四位有效数字为 350.6；18.0850001 保留四位有效数字为 18.09。

必须注意的是，若被舍弃的数字为两位或两位以上数字时，应一次修约，而不能连续多次修约。例如，2.154546 修约为三位有效数字时，应为 2.15，而不是 2.16（2.154546→2.15455→2.1546→2.155→2.16）。

③ 加减法：以小数点后位数最少的数据的位数为准，即取决于绝对误差最大的数据位数；

【例 1-6】 12.43+5.765+132.812=

解：上述数据中，小数点后位数最少的是 12.43，因此，以此为依据，对其它两个数据进行修约，即 5.765→5.76，132.812→132.81。所以

12.43+5.765+132.812=12.43+5.76+132.81=151.00

④ 乘除法：以有效数字位数最少者为准，即取决于相对误差最大的数据位数。

【例 1-7】 2.5046×2.005×1.52=

解：2.5046×2.005×1.52=2.50×2.00×1.52=7.60

⑤ 对数：对数的有效数字只计小数点后的数字，即有效数字位数与真数位数一致。

⑥ 常数：常数的有效数字可取无限多位。

⑦ 第一位有效数字等于或大于 8 时，其有效数字位数可多算一位。

⑧ 在计算过程中，可暂时多保留一位有效数字。

⑨ 误差或偏差取一或两位有效数字即可。

2. 可疑数据的取舍

（1）Q-检验法（3～10 次测定适用，且只有一个可疑数据）

① 将各数据从小到大排列：x_1，x_2，x_3，…，x_{n-1}，x_n。

② 计算极差（$x_{大}-x_{小}$），即（x_n-x_1）。

③ 计算邻差（$x_{疑}-x_{邻}$）。

④ 计算舍弃商：

$$Q=\frac{|x_{疑}-x_{邻}|}{x_{大}-x_{小}} \quad (1\text{-}14)$$

⑤ 根据测定次数（n）和置信度（P），查 Q 值表（表 1-7）得 $Q_{表}$。

表 1-7 Q 值表

测定次数 n		3	4	5	6	7	8	9	10
置信度	90%（$Q_{0.90}$）	0.941	0.765	0.642	0.560	0.507	0.468	0.437	0.412
	95%（$Q_{0.95}$）	0.970	0.829	0.710	0.625	0.568	0.526	0.493	0.466
	99%（$Q_{0.99}$）	0.994	0.926	0.821	0.740	0.680	0.634	0.598	0.568

⑥ 比较 $Q_{表}$与 Q：

$Q \geqslant Q_{表}$，可疑值应舍去；

$Q < Q_{表}$，可疑值应保留。

【例 1-8】 某分析人员测定某药物中钴的含量（μg/g），6 次平行测定结果分别为：1.25，1.26，1.24，1.31，1.27，1.40，用 Q 检验法进行检验，1.40 是否应保留（置信度 95%）？

解：

$$Q = \frac{|x_{疑} - x_{邻}|}{x_{大} - x_{小}} = \frac{1.40 - 1.31}{1.40 - 1.24} = 0.562$$

当 $n = 6$，P=95%时，查 Q 值表得，$Q_{0.95}^{6} = 0.625$

答： $Q = 0.562 < Q_{0.95}^{6} = 0.625$，故 1.40 应保留。

（2）G 检验法（格鲁布斯检验法） 设有 n 个数据，从小到大为 $x_1, x_2, x_3, \ldots, x_n$；可疑数为：$x_1$ 或 x_n。

①计算 $\bar{x}$（包括可疑值 x_1、x_n 在内）、$|x_{疑} - \bar{x}|$ 及标准偏差 S。

② 计算 G（称为统计量）：

$$G_{计} = \frac{|x_{疑} - \bar{x}|}{S} \tag{1-15}$$

③ 根据测定次数（n）和要求的置信度（P），查 G 值表（表 1-8）得 $G_{表}$。

④ 比较 $G_{计}$与 $G_{表}$：

$G_{计} \geqslant G_{表}$，则舍去可疑值；

$G_{计} < G_{表}$，则保留可疑值。

表 1-8 G 值表（置信度 95%和 99%）

测定次数	3	4	5	6	7	8	9	10	11	12	20
$G_{0.95}$	1.15	1.46	1.67	1.82	1.94	2.03	2.11	2.18	2.23	2.29	2.56
$G_{0.99}$	1.15	1.49	1.75	1.94	2.10	2.22	2.32	2.41	2.48	2.55	2.88

【例 1-9】 4 次平行测定某试样中 Fe 含量的结果分别为 10.05%、10.14%、10.12%、10.18%，用 G 检验法判断 10.05%是否应舍去（置信度 95%）？

解： 所测数据从小到大排序为：10.05%、10.12%、10.14%、10.18%

$$\bar{x} = \frac{10.05\% + 10.12\% + 10.14\% + 10.18\%}{4} = 10.12\%$$

$$S = 0.054\%$$

$$G_{计} = \frac{|10.05\% - 10.12\%|}{0.054\%} = 1.30$$

答： 查表得 $G_{表}$=1.46，$G_{计} < G_{表}$，所以 10.05%不应舍去。

G 检验法的最大优点是在判断过程中，引入了正态分布的平均值（$\bar{x}$）和标准偏差（S），故该方法的准确性较好，缺点是计算过程较为麻烦。

3. 分析数据的显著性检验（t检验法）

当设计一种新的分析方法时，必须用已知含量的纯净物或标准试样进行对照分析，以检验方法的准确度与精密度。为此，就必须求出多次测定结果的平均值（$\bar{x}$）和平均值的标准偏差$S_{\bar{x}}$，t值按下式计算。

（1）平均值（$\bar{x}$）与标准值（μ）之间的显著性检验——检查方法的准确度

$$S_{\bar{x}} = \frac{S}{\sqrt{n}}$$

$$t_{计} = \frac{|\bar{x} - \mu|}{S}\sqrt{n} \tag{1-16}$$

若$|t_{计}| \geqslant t_{0.95}$，则$\bar{x}$与$\mu$有显著性差异（方法不可靠）；$|t_{计}| < t_{0.95}$，则$\bar{x}$与$\mu$无显著性差异（方法可靠）。

（2）两组平均值的比较

① 先用F检验法检验两组数据精密度S_1（小）、S_2（大）有无显著性差异（方法之间）。F检验是先求得两组数据的方差，然后以方差值大的做分子、方差值小的做分母，求出$F_{计}$：

$$F_{计} = \frac{S_2^2}{S_1^2} \tag{1-17}$$

若此$F_{计}$值小于$F_{0.95}$值，说明两组数据精密度S_1、S_2无显著性差异，否则，表明两组数据存在显著差异。

② 再用t检验法检验两组平均值之间有无显著性差异。

$$t_{计} = \frac{|\bar{x}_1 - \bar{x}_2|}{S_1}\sqrt{\frac{n_1 n_2}{n_1 + n_2}} \tag{1-18}$$

在一定置信度下，查得表值$t_{表}$（总自由度$f = n_1 + n_2 - 2$）。若$|t_{计}| \geqslant t_{0.95}$，则说明两平均值有显著性差异；$|t_{计}| < t_{0.95}$，则说明两平均值无显著性差异。

四、随机误差的正态分布

1. 正态分布

随机误差的规律服从正态分布规律，可用正态分布曲线（高斯分布的正态概率密度函数）表示：

$$y = f(x) = \frac{1}{\sigma\sqrt{2\pi}}\mathrm{e}^{-\frac{(x-\mu)^2}{2\sigma^2}} \tag{1-19}$$

式中，y为概率密度；μ为总体平均值；σ为总体标准偏差。

正态分布曲线依赖于μ和σ两个基本参数，曲线随μ和σ的不同而不同。为简便起见，使用一个新变量（u）来表达误差分布函数式：

$$u = \frac{x - \mu}{\sigma} \tag{1-20}$$

u的含义是：偏差值（$x-\mu$）以标准偏差为单位来表示。

变换后的函数图像如图 1-15。

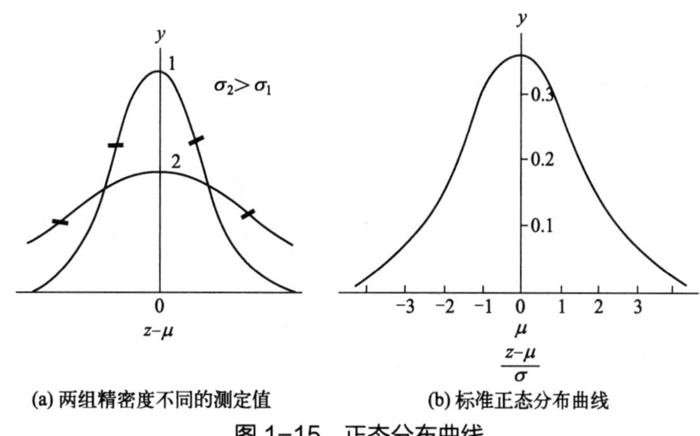

(a) 两组精密度不同的测定值　　(b) 标准正态分布曲线

图 1-15　正态分布曲线

2. 对称趋势

曲线以 $x=\mu$ 这一直线为对称轴，表明正负误差出现的概率相等。大误差出现的概率小，小误差出现的概率大，很大误差出现的概率极小。在无限多次测定时，误差的算术平均值极限为 0。

3. 总概率

曲线与横坐标之间从$-\infty$到$+\infty$所包围的面积代表具有各种大小误差的测定值出现的概率的总和，其值为 1（100%）。

$$P_{(-\infty<u<+\infty)}=\frac{1}{\sqrt{2\pi}}\int_{-\infty}^{+\infty}\mathrm{e}^{-\frac{u^2}{2}}\mathrm{d}u=1 \tag{1-21}$$

用数理统计方法可以证明并求出测定值 x 出现在不同 u 区间的概率（不同 u 值时所占的面积），即 x 落在 $\mu\pm u\sigma$ 区间的概率：

	置信区间	置信概率
$u=\pm 1.00$	$x=\mu\pm 1.00\sigma$	68.3%
$u=\pm 1.96$	$x=\mu\pm 1.96\sigma$	95.0%
$u=\pm 3.00$	$x=\mu\pm 3.00\sigma$	99.7%

五、有限数据随机误差的 t 分布

在实际测定中，测定次数是有限的，只有 $\bar{x}$ 和 S，此时则用能合理地处理少量实验数据的方法——t 分布。

1. t 分布曲线（实际测定中，用 $\bar{x}$、S 代替 μ、σ）

t 分布曲线与标准正态分布曲线相似，纵坐标仍为概率密度，横坐标则是新的统计量 t。

$$t=\frac{x-\mu}{S} \tag{1-22}$$

无限次测定，u 一定，P 就一定；有限次测定，t 一定，P 随 f（自由度）不同而不同。不同的 f 值及概率所对应的 t 值，已由统计学家计算出来，可从有关表中查出。

2. 平均值的置信区间

应用 t 分布估计真值范围，则可得到如下关系式：

$$\mu = x \pm t_{\alpha,f} S \tag{1-23}$$

同样，对于样本平均值也存在类似的关系式：

$$\mu = \overline{x} \pm t_{\alpha,f} S_{\overline{x}} = \overline{x} \pm t_{\alpha,f} \frac{S}{\sqrt{n}} \tag{1-24}$$

式（1-24）表示的是在一定概率下，以样本平均值为中心的包括真值在内的取值范围，即平均值的置信区间。$t_{\alpha,f} S_{\overline{x}}$ 称为置信区间界限。

式（1-24）表明了平均值 $\overline{x}$ 与真值的关系，即说明了平均值的可靠性。

平均值的置信区间取决于测定的精密度、测定次数和置信水平（概率，分析工作中常规定为95%）。

测定精密度越高（S 小），测定次数越多（n 大），置信区间则越小，即平均值 $\overline{x}$ 越准确。

六、电子分析天平

固定质量称量法

差减法

1. 称量方法

一般采用以下三种方法。

（1）固定质量称量法　用于称量指定质量的试样。将称量纸或小烧杯置于秤盘中央，轻按“去皮键”，显示屏显示全零状态。然后用药匙向称量纸或小烧杯中缓缓添加试样，到显示屏显示达到所需试样的质量。最后，记录所称试样的准确质量，并将称量纸上的试样全部转移至指定容器中。

（2）差减法　又称减量法，是电子天平称量的一种基本方法。差减法称量固体试样常用称量瓶（称量一般液体试样可用点滴瓶，称取具有挥发性的液体试样可用安瓿瓶）。先在称量瓶中加入适量的被称试样，准确称取称量瓶与试样的总质量，然后向接收容器中倒出所需量的试样，再准确称量剩余试样和称量瓶的质量，两次称量的质量差即为倒入容器中的试样质量。如此重复操作，可连续称取多份试样。吸湿性强、易吸收空气中的二氧化碳等在空气中不稳定的试样宜用此法称量。

（3）直接称量法　当天平零点调好后，将被称物（取被称物时，用一干净的纸条套住，或戴专用手套拿取）直接放在天平盘上，按天平使用方法进行称量，显示屏显示的质量即为被称物的质量。该称量法要求被称物为固体棒状或块状，洁净、干燥，不易潮解、升华，无腐蚀性。

2. 工作程序

（1）开机

① 检查天平是否处于水平位置，若没有处于水平，则调节天平底部的两个水平旋钮直至水平位置。

② 接通电源，按“ON/OFF”键，当天平显示 0.0000g 时，预热 30min，即进入称量状态。

（2）天平的校准

① 在开机状态下，清除天平秤盘上的被称物体，按去皮按钮，待天平显示器稳定显示。

按住“CAL/MENU”键，直到天平显示“200.0000g”字样，放入标称值 200g 砝码，天平显示“0.0000g”时移去砝码，仪器即自动进行校准。

② 当显示“CAL DONE”和“0.0000g”后，天平的校准结束，天平自动回到称量工作状态。去皮/清零键可随时中断校准，使天平回到称量工作方式。

（3）期间核查

① 方法。将一标称值 200g 的砝码，放在该仪器上进行称量，偏差不大于 0.0005g。

② 规则。期间核查符合要求，则可进行检验工作。否则应停止检验，查明原因，重新核查。

③ 周期。每次开机时进行。

（4）维护保养

① 用软毛刷轻轻扫除秤盘上及周围的灰尘。

② 及时用酒精棉球或干棉球擦拭滴落在天平上的液体状物质。

3. 使用注意事项

① 当天平移动后，开机前必须调整支脚螺栓，使天平处于水平状态，且不得马上开机，需在新的环境中达到平衡。

② 天平应放于无振动气流、无热辐射及不含腐蚀性气体的环境中。

③ 天平称量室内应放置变色硅胶，硅胶变色后应立即更换。

④ 不允许连续校准天平。

⑤ 在任何情况下严禁向秤盘吹气，只能用软毛刷清扫秤盘。

⑥ 使用分析天平称量时必须戴无尘手套。不准用手直接触及天平部件及砝码。

【任务实施】

一、任务说明

1. 在分析天平上准确称量 0.5000g 氯化钠。
2. 用差减法准确称量 0.2～0.3g 碳酸钠，精确至 0.0001g。

二、任务准备

1. 仪器

FA2004 分析天平：称量范围（0～200g）、精度（0.1mg）、工作环境温度［(20±7.5)℃］、电源（12V）、校准方式（外部校准，自校砝码量值为 200g）。

2. 试剂

氯化钠、碳酸钠。

三、工作过程

1. 检查

观察分析天平，熟悉各部件的作用。按照称量的一般程序检查分析天平。

2. 固定质量称量法

在分析天平上准确称出 0.5000g 氯化钠，具体步骤如下。

① 按下电源键，打开分析天平，按下“ON”键开启显示屏，先显示天平型号，后显示称量模式（0.0000g），否则，按下“Tare”（去皮）键将其归零。按下“Tare”键将其归零时如果

数据有波动，可以再次按下“Tare”键归零。

② 放上称量纸以免物品腐蚀天平盘。

③ 放入称量纸之后将右侧的玻璃门关闭，防止数据不稳定。

④ 将放入称量纸之后的分析天平再次归零，消去称量纸质量。

⑤ 将所要称量的氯化钠放在天平盘上，与此同时，关闭玻璃门，读取数据。

3. 差减法

用差减法准确称量 0.2～0.3g 碳酸钠。

① 第一次称量。在称量瓶中装入约 2g 碳酸钠，先在托盘天平上粗称其质量，从干燥器中用纸带（或纸片）夹住称量瓶（如图 1-16 所示）后取出称量瓶（或戴手套，不要让手指直接触及称量瓶和瓶盖），用纸片夹住称量瓶盖柄，打开瓶盖，用牛角匙加入适量试样（一般为称一份试样量的整数倍），盖上瓶盖。再在分析天平上称出称量瓶加试样后的准确质量（精确到 0.0001g），记下 m_1。

② 第二次称量。取出称量瓶，按差减法的称样方法操作，将称量瓶从天平上取出，在接收容器的上方倾斜瓶身，用称量瓶盖轻敲瓶口上部使试样慢慢落入容器中，如图 1-17 所示，瓶盖始终不要离开接收器上方。当倾出的试样接近所需量（可从体积上估计或试重得知）时，一边继续用瓶盖轻敲瓶口，一边逐渐将瓶身竖直，使黏附在瓶口上的试样落回称量瓶，然后盖好瓶盖，并准确称量出称量瓶和剩余试样的质量，记下 m_2。

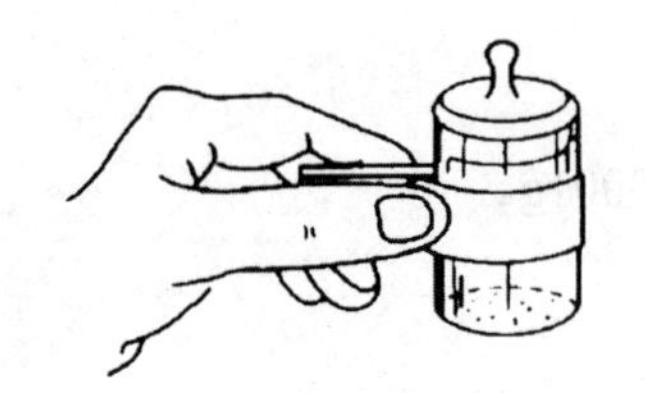

图 1-16　称量瓶的正确拿法

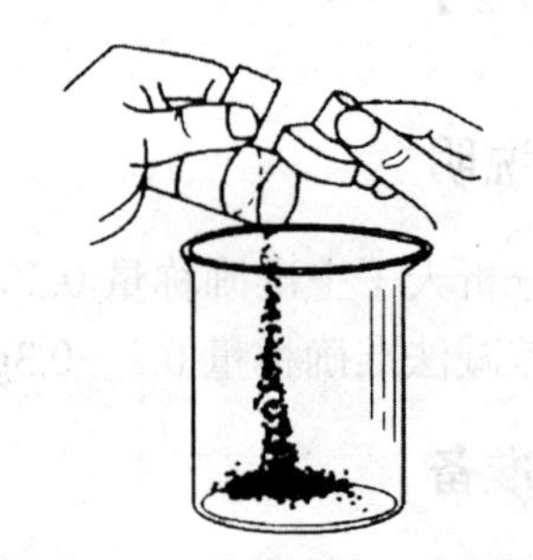

图 1-17　差减法的正确操作

③ 计算。倒入容器中试样的质量为 m_1-m_2。

④ 平行称量。以步骤①②同样的方法连续称出 3 份试样，每份试样均称准至 0.0001g。

⑤ 称量完毕，填写分析天平登记卡，将天平复原。

四、数据记录与处理

1. 固定质量称量法

固定称量法数据记录

称量物	测定次数	物品质量/g
	1	
	2	
	3	

2. 差减法

差减法数据记录

项目	1	2	3
称量瓶加试样的质量 m_1/g			
倾出试样后称量瓶加试样的质量 m_2/g			
试样的质量(m_1-m_2)/g			
极差 R			
平行测定的相对极差/%			

【巩固提高】

1. 数据 0.60%、1.80×10^{-5}、pH=3.25 分别为____、____、____位有效数字；按照有效数字运算规则，0.159+9.3 的和为________；0.0152×0.0080×3.0010 的积为______。将数据 10.06501 处理成四位有效数字的结果为________。

2. 平行四次测定某溶液的浓度（mol/L），结果分别为：0.1012，0.1014，0.1016 和 0.1026，用 Q 检验法检验 0.1026 是否应该保留（置信度 95%）？

3. 分析一批铁矿石标准样品，5 次平行测定 Fe 含量的结果分别为 37.45%、37.50%、37.30%、37.25%、37.20%。而标准样品中 Fe 含量为 37.35%，试分别计算 5 次分析结果的平均值、绝对平均偏差、相对平均偏差、平均值的相对误差。

4. 分析天平能否放在通风处？

5. 如何用分析天平称取一定量的氢氧化钠？

项目二　工业碱分析

任务1　配制与标定盐酸标准溶液

【任务目标】

知识目标

1. 了解酸碱质子理论、酸碱滴定曲线的特征及影响滴定的因素。

2. 理解酸碱平衡原理、酸碱滴定的原理、酸碱指示剂的变色原理。

3. 掌握水的离子积、溶液酸碱性、溶液 pH 的有关计算；掌握常用酸碱指示剂的变色点、变色范围以及选择酸碱指示剂的方法。

能力目标

1. 联系实际能够理解溶液的 pH 在生产、生活及科学研究中的作用。

2. 能够正确选择酸碱指示剂。

素质目标

1. 培养学生树立爱岗敬业的职业道德。

2. 帮助学生养成求真、务实、严谨的科学态度。

【知识储备】

一、酸碱质子理论

重要的酸碱理论有：酸碱电离理论、酸碱质子理论和酸碱电子理论。1887 年瑞典化学家阿仑尼乌斯（S.A.Arrhenius）提出的酸碱电离理论把酸碱限制在水溶液中来讨论，而不能解释非水溶剂在酸碱体系中的作用。1923 年丹麦化学家布朗斯特（J.N.Brönsted）和英国化学家劳里（T.M.Lowry）提出了酸碱质子理论。

1. 酸碱的定义

酸碱质子理论认为：凡是能够给出质子（H^+）的物质都是酸（质子给予体）；凡是能够接受质子的物质都是碱（质子接受体）。既能给出质子，也能接受质子的物质称为“酸碱两性物质”。

在酸碱质子理论中酸碱的范围不再局限于电中性的分子或离子化合物，带电的离子也可称为“酸”或“碱”。酸碱的强弱取决于它给出质子和接受质子能力的强弱。给出质子能力越强，酸性就越强；接受质子的能力越强，碱性就越强。为了区分出酸碱质子理论，有时酸碱质子理论中的“酸”称作“质子酸”，“碱”称为“质子碱”。

2. 共轭酸碱对

当一种酸（HA）给出质子后，剩下的 A^-自然对质子具有一种亲和力，因而是一种碱；同样，一种碱接受质子后，其生成物具有给出质子的倾向，它就是酸。HA 和 A^-之间存在以下共轭关系：

$$HA \rightleftharpoons H^+ + A^-$$

上式中的酸碱称为共轭酸碱对，酸是碱的共轭酸，碱是酸的共轭碱，酸和碱是相互依赖的。酸（HA）失去质子后转化为它的共轭碱（A^-），碱（A^-）得到质子后转化为它的共轭酸（HA），这样的反应称为酸碱半反应。某种酸的酸性越强，其共轭碱的碱性就越弱，例如 HCl 是强酸，其共轭碱 Cl^-则是一个极弱碱；同理，某种碱的碱性越强，其共轭酸的酸性就越弱，例如 NH_3、S^{2-}是较强的碱，其共轭酸 NH_4^+、HS^-则是弱酸。

3. 酸碱反应

在以下反应中：

$$CH_3COOH + H_2O \rightleftharpoons H_3O^+ + CH_3COO^-$$

CH_3COOH 和 H_3O^+都能够释放出质子，它们都是酸；H_2O 和 CH_3COO^-都能够接受质子，它们都是碱。上述反应称为质子传递反应（酸碱反应），可用下列通式表示：

$$酸_1 + 碱_2 \rightleftharpoons 碱_1 + 酸_2$$

$酸_1$和$碱_1$、$酸_2$和$碱_2$是两对共轭酸碱对。由此可见，酸碱反应是两个共轭酸碱对之间相互传递质子的反应，它是由两个酸碱半反应相结合而完成的。酸碱反应总是从强酸强碱向弱酸弱碱方向进行。

在酸碱质子理论中，酸碱反应不仅适用于水溶液，也适用于非水溶液，溶剂的作用受到了重视。水除可作酸（给出质子）或碱（接受质子）外，还使溶液中的分子或离子呈水合状态。

在酸碱质子理论中，溶液中的质子（H^+）是以水合质子（H_3O^+）状态存在，通常简写为 H^+。因此，CH_3COOH 在水中的电离平衡可简化为：

$$CH_3COOH \rightleftharpoons H^+ + CH_3COO^-$$

本书在之后许多反应式或计算式中也常采用这种简化表示方法。

同样，碱在水溶液中接受质子的过程也必须有水分子参加，这时水是起酸的作用。例如：

$$NH_3 + H_2O \rightleftharpoons NH_4^+ + OH^-$$

从上述酸碱在水溶液中的反应可知，当酸碱发生中和反应时，质子并非直接从酸转移至碱，而是通过溶剂 H_2O 进行传递的。例如 HCl 与 NH_3 的反应：

$$\begin{array}{c} HCl + H_2O = H_3O^+ + Cl^- \\ NH_3 + H_3O^+ = NH_4^+ + H_2O \\ \hline NH_3 + HCl = NH_4^+ + Cl^- \end{array}$$

反应中 HCl 和 NH_3 反应，分别生成各自的共轭碱和共轭酸，其他酸碱反应亦如此。

二、酸碱平衡

1. 水的离子积和溶液的酸碱性

（1）水的离子积　水是一种两性溶剂，纯水的微弱电离是一个水分子从另一个水分子中夺取质子而形成 H_3O^+和 OH^-，即：

$$H_2O + H_2O \rightleftharpoons OH^- + H_3O^+$$

上式可简写为：

$$H_2O \rightleftharpoons OH^- + H^+$$

水分子之间存在的质子传递作用称为水的质子自递作用，它存在于任何一种稀的水溶液中。这个作用的平衡常数称为质子自递常数，也称水的离子积常数简称水的离子积，以 K_w 表示：

$$K_w = [H^+][OH^-] \tag{2-1}$$

即在一定温度下，水溶液中 H^+ 和 OH^- 浓度的乘积是一个常数。实验测得，25℃时纯水中：

$$[H^+] = [OH^-] = 1.0\times10^{-7}\,\text{mol/L}$$

所以，

$$K_w = [H^+][OH^-] = 1.0\times10^{-14}$$

$$pK_w = -\lg K_w = -\lg(1.0\times10^{-14}) = 14.00$$

水的离子积随温度的升高而增大，常温（25℃）下，$K_w = 1.0\times10^{-14}$；100℃时，K_w 约为 1.0×10^{-12}。

由于水的电离程度很小，水的离子积数值很小，因此，其主要存在形态是水分子。

对于具有电离性的非水溶剂，同样存在着酸碱共轭关系，同样有溶剂的质子自递作用和质子自递常数，不同溶剂其质子自递常数各不相同。

（2）水溶液的酸碱性　任何稀的水溶液中[H^+]和[OH^-]的乘积等于水的离子积，利用水的离子积可计算水溶液中 H^+或 OH^-的浓度。例如，室温下测得某酸溶液中的[H^+]为 1.0×10^{-3}mol/L，根据：

$$K_w = 1.0\times10^{-14}$$

得该酸溶液中的[OH^-]为：

$$[OH^-] = \frac{K_w}{[H^+]} = \frac{1.0\times10^{-14}}{1.0\times10^{-3}} = 1.0\times10^{-11}(\text{mol/L})$$

溶液的酸碱性取决于溶液中 H^+和 OH^-浓度的相对大小。

当[H^+]=[OH^-]，溶液呈中性；

[H^+]>[OH^-]，溶液呈酸性，且[H^+]越大酸性越强；

[H^+]<[OH^-]，溶液呈碱性，且[OH^-]越大碱性越强。

在生产实践或科研工作中，通常所涉及的 H^+浓度很小，使用起来不方便。故采用 H^+浓度的负对数来表示溶液的酸碱度。此负对数称为 pH。这里的 p 指负对数，它还应用于其它方面。即：

$$pH = -\lg[H^+]$$

那么

$$pOH = -\lg[OH^-]$$

由于 $K_w = [H^+][OH^-]$，所以 $pK_w = pH + pOH$，常温下，$pH + pOH = 14.00$。

pH 的适用范围为 pH 为 0～14 的稀水溶液。

常温（25℃）下，

中性溶液：$[H^+] = 1.0 \times 10^{-7}$ mol/L，pH=7；

酸性溶液：$[H^+] > 1.0 \times 10^{-7}$ mol/L，pH<7；

碱性溶液：$[H^+] < 1.0 \times 10^{-7}$ mol/L，pH>7。

水溶液的酸碱性是由水溶液中的各种质子酸、碱和水发生酸碱反应后生成的$[H^+]$的大小或 pH 决定的。

2. 弱酸和弱碱的电离平衡

（1）电离常数　强酸和强碱在溶剂中与水发生的酸碱反应是完全的，没有酸碱平衡。而弱酸和弱碱（弱电解质）在水溶液中是不完全反应的，存在着化学平衡，我们称之为酸碱平衡（电离平衡）。

例如，醋酸（CH_3COOH）在水溶液中存在着下列平衡：

$$CH_3COOH+H_2O \rightleftharpoons H_3O^+ + CH_3COO^-$$

简写为：

$$CH_3COOH \rightleftharpoons H^+ + CH_3COO^-$$

平衡时：

$$K_a = \frac{[CH_3COO^-][H^+]}{[CH_3COOH]}$$

式中的平衡常数 K_a 称为弱酸的电离常数。

对于弱碱，其电离常数则用 K_b 表示，如氨水的电离平衡为：

$$NH_3 \cdot H_2O \rightleftharpoons NH_4^+ + OH^-$$

平衡时：

$$K_b = \frac{[OH^-][NH_4^+]}{[NH_3 \cdot H_2O]}$$

电离常数符合化学平衡常数的一般规律，受温度影响，与溶液的浓度无关。电离常数可表示弱电解质的电离能力，电离常数越大，弱电解质的电离能力就越强。根据相同温度下电离常数的大小可以判断弱电解质电离能力的相对强弱。

各种酸碱的电离平衡常数 K_a 和 K_b 的大小，定量地说明了各种酸碱的强弱程度。弱酸的电离常数 K_a 越大，表示该酸的酸性越强；弱碱的电离常数 K_b 越大，表示该碱的碱性越强。例如：

$$HAc + H_2O \rightleftharpoons H_3O^+ + Ac^- \qquad K_a = 1.8 \times 10^{-5}$$

$$NH_4^+ + H_2O \rightleftharpoons H_3O^+ + NH_3 \qquad K_a = 5.6 \times 10^{-10}$$

$$HS^- + H_2O \rightleftharpoons H_3O^+ + S^{2-} \qquad K_a = 7.1 \times 10^{-15}$$

这三种酸的酸性强度为 $HAc > NH_4^+ > HS^-$，而它们的共轭碱的电离常数 K_b 分别为：

$$Ac^- + H_2O \rightleftharpoons HAc + OH^- \qquad K_b=5.6\times10^{-10}$$

$$NH_3 + H_2O \rightleftharpoons NH_4^+ + OH^- \qquad K_b=1.8\times10^{-5}$$

$$S^{2-} + H_2O \rightleftharpoons HS^- + OH^- \qquad K_b=1.4$$

这三种酸的共轭碱的碱性强度为 $S^{2-}>NH_3>Ac^-$，这个次序恰好与上述三种共轭酸的强度次序相反，从而定量说明了：酸性越强，它的共轭碱就越弱；酸性越弱，它的共轭碱就越强。

共轭酸碱对的 K_a 和 K_b 之间存在一定的关系，即 $K_aK_b=K_w$，因此，只要知道酸或碱的电离常数，就可计算出它们的共轭碱或共轭酸的电离常数。

（2）电离度　在一定条件下当弱电解质达到电离平衡时，已电离的弱电解质分子数占原有弱电解质分子总数（包括已电离的和未电离的）的百分率，称为电离度，用 α 表示。

$$电离度=\frac{已电离的溶质分子数}{原有溶质分子总数}\times100\%$$

电离度实质上是一种平衡转化率。电离度的大小能表示弱电解质的电离程度。温度、浓度相同时，不同的弱电解质的电离度是不同的：电解质越弱，电离度越小。同一弱电解质在不同浓度的水溶液中，其电离度也不同：溶液越稀，电离度越大。

三、溶液 pH 的计算

若是酸性溶液，应先确定$[H^+]$，再进行 pH 的计算；若是碱性溶液，应先确定$[OH^-]$，再根据$[H^+][OH^-]=K_w$ 换算成$[H^+]$，求 pH。或者先根据$[OH^-]$计算 pOH，再计算 pH，常温下 $pH+pOH=14.00$ 。

1. 一元强酸（碱）溶液的 pH 计算

强酸（碱）溶液的$[H^+]$来源于酸（碱）和水的电离，当强酸（碱）溶液的浓度大于 10^{-7}mol/L 时，忽略水的电离，所以一元强酸溶液的 $pH=-lg[H^+]$（最简式），一元强碱溶液的 $pOH=-lg[OH^-]$（简式）。

【例 2-1】　常温下，计算 0.05mol/L HCl 溶液的 pH。

解：盐酸为一元强酸，其电离反应为：

$$HCl \xlongequal{} H^+ + Cl^-$$

0.05mol/L 盐酸完全电离为 H^+和 Cl^-，则 $[H^+]=0.05$mol/L

$$pH=-lg[H^+]=-lg0.05=1.30$$

答：常温下，0.05mol/L HCl 溶液的 pH 为 1.30。

【例 2-2】　常温下，测得强碱 NaOH 溶液的浓度为 1.0×10^{-2}mol/L，计算该溶液的 pH。

解：

$$NaOH \xlongequal{} Na^+ + OH^-$$

$$[OH^-]=1.0\times10^{-2}\ mol/L$$

因为

$$K_w=[H^+][OH^-]$$

所以

$$[H^+]=\frac{K_w}{[OH^-]}$$

$$pH = -\lg[H^+] = -\lg\left(\frac{K_w}{[OH^-]}\right) = -\lg\left(\frac{1.0\times10^{-14}}{1.0\times10^{-2}}\right) = 12.00$$

答： 室温下，该溶液的 pH 为 12.00。

2. 一元弱酸（碱）溶液 pH 的计算

一元弱酸（碱）溶液的 H^+来源于酸（碱）和水的电离。

以醋酸的电离平衡为例：

$$CH_3COOH \rightleftharpoons H^+ + CH_3COO^-$$

$$K_a = \frac{[H^+][CH_3COO^-]}{[CH_3COOH]}$$

设 CH_3COOH 在水溶液中的浓度为 c，电离度为α，则达到电离平衡时：

溶液中$[H^+]=[CH_3COO^-]=c\alpha$，未电离的分子浓度$[CH_3COOH] = c(1-\alpha)$，代入上式得：

$$K_a = \frac{c\alpha^2}{1-\alpha}$$

当 K_a 很小时，α很小，$1-\alpha\approx1$

$$K_a = c\alpha^2$$

$$\alpha = \sqrt{\frac{K_a}{c}} \quad (2\text{-}2)$$

这就是稀释定律的表达式。它表明，在一定温度下，同一弱电解质的电离度与其浓度的平方根成反比，浓度越小，电离度越大；相同浓度的不同弱电解质的电离度与电离常数的平方根成正比，电离常数越大，电离度也越大。

根据 $[H^+] = c\alpha$ 和 $\alpha = \sqrt{\frac{K_a}{c}}$

可得$[H^+]$最简式： $[H^+] = \sqrt{cK_a}$ （2-3）

式（2-3）为计算一元弱酸溶液中$[H^+]$ 的最简式，当 $cK_a > 20K_w$，而且 $c/K_a>500$ 时使用。

同理，对于一元弱碱溶液：

当 $cK_b > 20K_w$，而且 $c/K_b>500$ 时，$[OH^-]$ 最简式如下：

$$[OH^-] = \sqrt{K_b c} \quad (2\text{-}4)$$

【例 2-3】 常温下，计算 0.1mol/L CH_3COOH 溶液的 pH（$K_a=1.8\times10^{-5}$）。

解： 由于 $cK_a > 20K_w$

$$c/K_a = \frac{0.1}{1.8\times10^{-5}} = 5.6\times10^{3} > 500$$

可近似计算为：

$$[H^+]=\sqrt{cK_a} = \sqrt{0.1\times1.8\times10^{-5}} = 1.34\times10^{-3}(\text{mol/L})$$

$$pH = -\lg(1.34\times10^{-3}) = 2.87$$

答：常温下，0.1mol/L CH_3COOH 溶液 pH 为 2.87。

【例 2-4】 常温下，计算 0.1mol/L $NH_3 \cdot H_2O$ 溶液的 pH。已知 $K_b = 1.8\times10^{-5}$。

解：

由于 $cK_b>20K_w$，$c/K_b>500$，可近似计算为：

$$[OH^-]=\sqrt{cK_b}=\sqrt{0.1\times1.8\times10^{-5}}=1.34\times10^{-3}(mol/L)$$

$$pOH=-lg(1.34\times10^{-3})=2.87$$

$$pH=14.00-2.87=11.13$$

答：常温下，0.1mol/L $NH_3 \cdot H_2O$ 溶液 pH 为 11.13。

【例 2-5】 常温下，计算 5.0×10^{-2}mol/L CH_3COONa（$K_a=1.76\times10^{-5}$）溶液的 pH。

解：

CH_3COO^-是一元弱碱，$[CH_3COO^-]=5.0\times10^{-2}$mol/L

由于 $cK_b>20K_w$，$c/K_b>500$，可近似计算：

$$[OH^-]=\sqrt{K_bc}=\sqrt{\frac{K_w}{K_a}c}=\sqrt{\frac{1.0\times10^{-14}}{1.76\times10^{-5}}\times5.0\times10^{-2}}=5.33\times10^{-6}(mol/L)$$

$$pOH=-lg(5.33\times10^{-6})=5.27$$

$$pH=14.00-5.27=8.73$$

答：常温下，5×10^{-2}mol/L CH_3COONa 溶液的 pH 为 8.73。

3. 多元弱酸（碱）溶液 pH 的计算

多元弱酸是分步逐级电离的，如 H_2CO_3 就是分两步逐级电离的。

第一步电离为：

$$H_2CO_3 \rightleftharpoons HCO_3^-+H^+$$

第二步电离为：

$$HCO_3^- \rightleftharpoons CO_3^{2-}+H^+$$

室温下，$K_{a_1}=4.2\times10^{-7}$，$K_{a_2}=5.6\times10^{-11}$。$K_{a_1}$、$K_{a_2}$相差很大，这是由于第一步电离出的 H^+ 对第二步电离产生同离子效应，故碳酸的$[H^+]$主要决定于第一步电离。计算多元弱酸溶液的$[H^+]$时，可近似地按第一步电离计算。

当 $cK_{a_1}>20K_w$，$c/K_{a_1}>500$ 时，$[H^+]$的最简式为：

$$[H^+]=\sqrt{K_{a_1}c} \tag{2-5}$$

4. 两性物质溶液 pH 的计算

两性物质是指既能给出质子又能接受质子的物质。除 H_2O 之外，常见的两性物质有 $NaHCO_3$、NaH_2PO_4、Na_2HPO_4 及 NH_4Ac 等。两性物质的质子传递平衡十分复杂，同样采用简化处理方式计算$[H^+]$和 pH。

当 $cK_{a_2}>20K_w$，$c>20K_{a_1}$ 时

$$[H^+]=\sqrt{K_{a_1}K_{a_2}}$$

pH 最简式为

$$pH = \frac{1}{2}pK_{a_1} + \frac{1}{2}pK_{a_2} \tag{2-6}$$

5. 缓冲溶液 pH 的计算

凡能抵抗外加少量酸、碱或溶剂的稀释而 pH 几乎不变的溶液称为缓冲溶液。缓冲溶液所具有的抵抗外加少量酸或碱的作用称为缓冲作用。

缓冲溶液大多数由一定浓度的共轭酸碱对所组成。例如：HAc-Ac^-，NH_3-NH_4^+，HCO_3^--CO_3^{2-}，$H_2PO_4^-$-HPO_4^{2-}。

组成缓冲溶液的共轭酸碱对称为缓冲对。

缓冲溶液的缓冲范围为 $pH=pK_a\pm1$，即约有两个 pH 单位。例如，HAc-NaAc 缓冲体系，$pK_a=4.75$，其缓冲范围是 $pH = 4.75\pm1$（pH=4～6）；NH_3-NH_4Cl 缓冲体系，$pK_b=4.74$，$pK_a=9.26$，其缓冲范围为 $pH = 9.26\pm1$（pH=9～11）；NaH_2PO_4-Na_2HPO_4 缓冲体系的缓冲范围为 pH=6～8。

缓冲溶液 pH 的计算

$$c(H^+) = K_a \frac{c(\text{酸})}{c(\text{共轭碱})}$$

$$pH = pK_a - \lg\frac{c(\text{酸})}{c(\text{共轭碱})} \tag{2-7}$$

如 HA-A^-缓冲溶液：

$$c(H^+) = K_a \frac{c(HA)}{c(A^-)}$$

$$pH = pK_a - \lg\frac{c(HA)}{c(A^-)}$$

（1）弱酸及其盐　如 CH_3COOH-CH_3COONa，H_2CO_3-$NaHCO_3$ 混合液。

$$pH = pK_a + \lg\frac{c(\text{弱酸盐})}{c(\text{弱酸})}$$

（2）弱碱及其盐　如 $NH_3\cdot H_2O$-NH_4Cl 混合液。

$$pH = pK_w - pK_b + \lg\frac{c(\text{弱碱})}{c(\text{弱碱盐})}$$

（3）多元弱酸的酸式盐及其次级盐　如 $NaHCO_3$-Na_2CO_3，NaH_2PO_4-Na_2HPO_4 混合液。

$$pH = \frac{1}{2}pK_{a_1} + \frac{1}{2}pK_{a_2}$$　（cK_{a_2} 远大于 K_w 时使用）

四、绘制滴定曲线

酸碱滴定法是以酸碱反应为基础的滴定分析方法，一般的酸碱以及能与酸碱直接或间接发生质子传递反应的物质，几乎都可以利用酸碱滴定法进行定量分析。

为了正确运用酸碱滴定法进行分析测定，必须了解酸碱滴定过程中溶液 pH 的变化情况，尤其是化学计量点附近 pH 的变化。表示酸碱滴定过程中溶液 pH 变化的曲线，称为酸碱滴定曲线。

1. 强碱（酸）滴定强酸（碱）

强酸和强碱在溶液中全部电离，滴定的基本反应为：

$$H^+ + OH^- \xlongequal{} H_2O$$

现以 0.1000mol/L NaOH 溶液滴定 20.00mL 0.1000mol/L HCl 溶液为例来讨论。为了便于研究滴定过程中 pH 的变化规律，将整个滴定过程分为滴定开始前、滴定开始后至化学计量点前、化学计量点时、化学计量点后四个阶段来分析。

（1）第一阶段：滴定开始前　溶液的 pH 由此时 HCl 溶液的酸度决定。即：$[H^+]$ = 0.1000mol/L，pH = 1.00。

（2）第二阶段：滴定开始后至化学计量点前　溶液的 pH 由剩余 HCl 溶液的酸度决定。

例如，当滴入 18.00mL NaOH 溶液时，溶液中剩余 HCl 溶液为 2.00mL，溶液的 pH 为：

$$[H^+] = \frac{20.00 - 18.00}{20.00 + 18.00} \times 0.1000 = 5.26 \times 10^{-3}(\text{mol/L})$$

$$\text{pH}=2.28$$

当滴入 19.98mL NaOH 溶液（即滴定进行到 99.90%，滴定的相对误差为–0.1%）时，溶液中剩余 HCl 溶液为 0.02mL，溶液的 pH 为：

$$[H^+] = \frac{20.00 - 19.98}{20.00 + 19.98} \times 0.1000 = 5.00 \times 10^{-5}(\text{mol/L})$$

$$\text{pH} = 4.30$$

（3）第三阶段：化学计量点时　滴入 NaOH 溶液 20.00mL 时，NaOH 与 HCl 等物质的量完全反应生成 NaCl 和 H_2O，溶液呈中性，溶液的 H^+来自水的电离，即：

$$[H^+]=1.00\times10^{-7}\text{mol/L}$$

$$\text{pH}=7.00$$

（4）第四阶段：化学计量点后　溶液的 pH 由过量的 NaOH 溶液的浓度决定。

例如，当加入 20.02mL NaOH 溶液（即滴定进行到 100.10%，滴定的相对误差为+0.1%）时，NaOH 溶液过量 0.02mL，此时溶液中 pH 为：

$$[OH^-] = \frac{20.02 - 20.00}{20.00 + 20.02} \times 0.1000 = 5.00 \times 10^{-5}(\text{mol/L})$$

$$\text{pOH} = 4.30$$

$$\text{pH} = 14.00 - 4.30 = 9.70$$

可参照上述方法逐一计算，计算结果列于表 2-1 中。然后以滴加的 NaOH 溶液的体积（mL）为横坐标，以其对应的溶液 pH 为纵坐标来作图，即得如图 2-1 所示的滴定曲线。

由表 2-1 及图 2-1 可以看出，整个滴定过程 pH 变化是不均匀的。从滴定开始到滴入 19.98mL NaOH 溶液，溶液的 pH 由 1.00 缓慢升高为 4.30，只改变了 3.30 个 pH 单位，滴定曲线变化较平坦；接近化学计量点时，即化学计量点前半滴至后半滴（NaOH 溶液由 19.98mL 到 20.02mL，仅滴加了 0.04mL，约一滴），溶液的 pH 突然从 4.30 跃升至 9.70，增大了 5.40 个

pH 单位，滴定曲线几乎变成一段垂直线。此后，过量 NaOH 溶液所引起的 pH 的变化又越来越小，滴定曲线又趋于平坦。

表 2-1　用 0.1000mol/L NaOH 溶液滴定 20.00mL 0.1000mol/L HCl 溶液时 pH 的变化

加入 NaOH 溶液体积/mL	中和百分数	剩余 HCl 溶液体积/mL	过量 NaOH 溶液体积/mL	$[H^+]$/(mol/L)	pH
0.00	0.00	20.00		1.00×10^{-1}	1.00
18.00	90.00	2.00		5.26×10^{-3}	2.28
19.80	99.00	0.20		5.02×10^{-4}	3.30
19.96	99.80	0.04		1.00×10^{-4}	4.00
19.98	99.90	0.02		5.00×10^{-5}	4.30
20.00	100.00	0.00		1.00×10^{-7}	7.00
20.02	100.1		0.02	2.00×10^{-10}	9.70
20.04	100.2		0.04	1.00×10^{-10}	10.00
20.20	101.0		0.20	2.00×10^{-11}	10.70
22.00	110.0		2.00	2.10×10^{-12}	11.70
40.00	200.0		20.00	3.00×10^{-13}	12.50

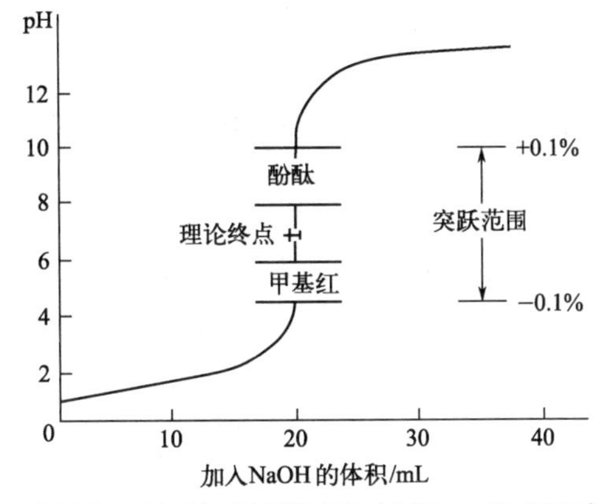

图 2-1　0.1000mol/L NaOH 滴定 0.1000mol/L HCl 的滴定曲线

在酸碱滴定过程中，将化学计量点前后±0.1%相对误差范围内溶液 pH 的变化称为酸碱滴定的突跃范围，简称突跃范围。

滴定突跃范围与酸碱的浓度有关，一般说来，强酸（碱）浓度增大 10 倍，滴定突跃范围增加 2 个 pH 单位；反之，强酸（碱）浓度减小 10 倍，则滴定突跃范围减少 2 个 pH 单位。

上述 NaOH 溶液滴定 20.00mL 0.1000mol/L HCl 溶液，滴定的 pH 突跃范围为 4.30～9.70。如用 1.000mol/L NaOH 溶液滴定 20.00mL 1.000mol/L HCl 溶液时，其突跃范围就增大为 3.30～10.70；若用 0.01000mol/L NaOH 溶液滴定 20.00mL 0.01000mol/L HCl 溶液时，其突跃范围就减小为 5.30～8.70。不同浓度的强碱滴定强酸的滴定曲线如图 2-2 所示。

2. 强碱（酸）滴定一元弱酸（碱）

一元弱酸、弱碱在水溶液中存在电离平衡，滴定过程中，溶液的 pH 变化较复杂。现以 0.1000mol/L NaOH 标准溶液滴定 20.00mL 0.1000mol/L CH_3COOH 溶液为例，说明滴定过程中溶液的 pH 变化情况。滴定反应如下：

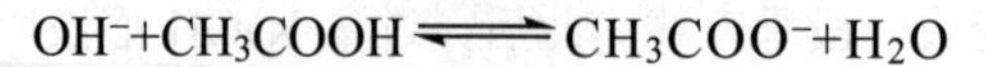

$$OH^-+CH_3COOH \rightleftharpoons CH_3COO^-+H_2O$$

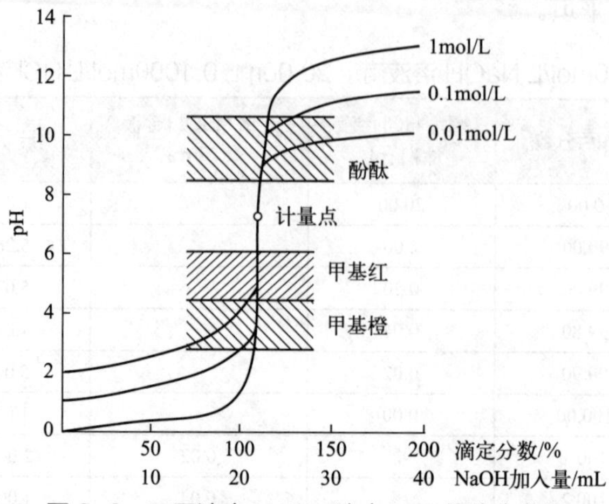

图 2-2　不同浓度 NaOH 滴定 HCl 的滴定曲线

同样把滴定过程中溶液 pH 变化分为滴定开始前、滴定开始后至化学计量点前、化学计量点时、化学计量点后四个阶段来讨论。

（1）第一阶段：滴定开始前　此时溶液的 pH 由 0.1000mol/L CH_3COOH 溶液的酸度决定。因为 c/K_a>500，可根据弱酸 pH 计算的最简式计算，则

$$[H^+]=\sqrt{K_a c}=\sqrt{1.76\times10^{-5}\times0.1000}=1.33\times10^{-3}(mol/L)$$

$$pH=-lg(1.33\times10^{-3})=2.88$$

（2）第二阶段：滴定开始后至化学计量点前　此时的溶液是由未反应的弱酸 CH_3COOH 与反应产物 CH_3COONa 组成的缓冲溶液，其溶液的 pH 由 CH_3COOH-CH_3COONa 缓冲体系决定，即：

$$pH=pK_a+lg\frac{c(弱酸盐)}{c(弱酸)}$$

例如，当加入 19.98mL NaOH 溶液时，剩余 0.02mL CH_3COOH，则：

$$[CH_3COOH]=0.1000\times\frac{0.02}{20.00+19.98}=5.0\times10^{-5}(mol/L)$$

$$pH=pK_a+lg\frac{c(弱酸盐)}{c(弱酸)}=-lg(1.76\times10^{-5})+lg\frac{5.0\times10^{-2}}{5.0\times10^{-5}}=7.75$$

（3）第三阶段：化学计量点时　此时溶液的 pH 取决于滴定产物的电离。计量点时体系产物是 CH_3COONa 和 H_2O，CH_3COO^-是一元弱碱，且 $\frac{c}{K_b}$>500，则：

$$[OH^-]=\sqrt{K_b c}=\sqrt{\frac{K_w}{K_a}c}=\sqrt{\frac{1.0\times10^{-14}}{1.76\times10^{-5}}\times5.0\times10^{-2}}=5.33\times10^{-6}(mol/L)$$

$$pOH=5.27$$

$$pH=8.73$$

（4）第四阶段：化学计量点后　此时溶液的组成为 CH_3COO^-和过量的 NaOH，由于 NaOH 抑制了 CH_3COO^-的水解，溶液的 pH 取决于过量的 NaOH 的浓度，计算方法同强碱滴定强酸。例如，滴入 20.02mL NaOH 溶液时，过量 0.02mL。则：

$$[OH^-]=\frac{(20.02-20.00)\times 0.1000}{20.02+20.00}=5.0\times 10^{-5}(mol/L)$$

$$pOH=4.30$$

$$pH=9.70$$

如此逐一计算，将其计算结果列于表 2-2 中，并以此绘制滴定曲线。0.1000mol/L NaOH 溶液分别滴定 20.00mL 0.1000mol/L CH_3COOH 及 HCl 溶液的滴定曲线如图 2-3 所示（该图中虚线为 0.1000mol/L NaOH 滴定 20.00mL 0.1000mol/L HCl 的前半部分）。

表 2-2　用 0.1000mol/L NaOH 滴定 20.00mL 0.1000mol/L 的 CH_3COOH 溶液

加入 NaOH 溶液的体积/mL	CH_3COOH 被滴定的百分数/%	pH	备注
0.00	0.00	2.88	
18.00	90.00	5.71	
19.80	99.00	6.47	
19.98	99.90	7.75	相对误差为–0.1%
20.00	100.0	8.73	理论终点
20.02	100.1	9.70	相对误差为+0.1%
20.20	101.0	10.70	
22.00	110.0	11.70	
40.00	200.0	12.50	

从图 2-3 和表 2-2 可以看出强碱滴定一元弱酸的滴定曲线有如下特点。

① 滴定前，溶液的 pH=2.88，比强碱滴定同浓度的 HCl 溶液高近 2 个 pH 单位，这是由于 CH_3COOH 的酸度比 HCl 弱的缘故。

② 滴定开始后 pH 升高较快，使滴定突跃的下半部分同强碱滴定强酸相比有一个明显的上移。这是由于中和生成的 Ac^-产生同离子效应，使 HAc 更难电离，$[H^+]$降低较快所致。继续滴加 NaOH 溶液，溶液中形成 HAc-NaAc 缓冲体系，pH 增加缓慢，这段曲线较为平坦。由于产物为 CH_3COONa 溶液，使理论终点的 pH 不是 7.00，而是 8.73。

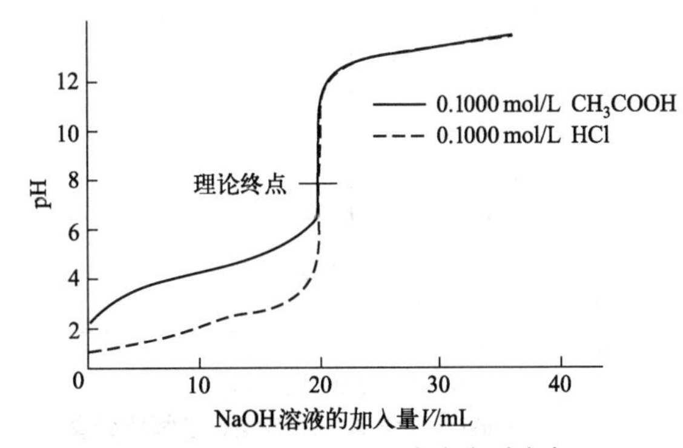

图 2-3　0.1000mol/L NaOH 溶液分别滴定 20.00mL 0.1000mol/L CH_3COOH 及 HCl 溶液的滴定曲线

③ 突跃范围小且主要集中在弱碱性区域。当滴定接近计量点时，剩余的 HAc 已很少，溶液缓冲能力逐渐减弱，于是随着 NaOH 溶液的滴加，溶液的 pH 又迅速升高，到达化学计量点时，在其附近出现了一个较为短小的滴定突跃，滴定曲线的突跃范围为 pH=7.75～9.70，小于 NaOH 溶液滴定 HCl 溶液的突跃范围（4.30～9.70）。化学计量点时由于生成 CH_3COONa 溶液呈弱碱性，化学计量点时的 pH 为 8.73。由于滴定的突跃范围是在碱性范围内，因此，在酸性范围变色的指示剂，如甲基橙、甲基红等都不能作为强碱滴定弱酸的指示剂。可选用酚酞、百里酚蓝等变色范围处于突跃范围内的指示剂作为这一滴定类型的指示剂。

④ 理论终点之后，溶液 pH 的变化规律与强碱滴定强酸时情况相同，所以这时它们的滴定曲线基本重合。

强碱滴定一元弱酸滴定曲线的 pH 突跃范围的大小不仅与滴定剂的浓度有关，而且与弱酸的强度和浓度有关。弱酸的浓度小，突跃范围小，反之突跃范围大；当酸的浓度一定时，K_a 值越小，滴定突跃范围也越小，当 $K_a=1.0\times10^{-9}$（例如 H_3BO_3）时，已无明显突跃，这种情况下已无法选用一般的酸碱指示剂来确定滴定终点。

一般认为，在 0.1mol/L 左右的浓度下，被滴定的弱酸的 K_a 应大于或等于 1.0×10^{-7}，也就是说一元弱酸的 $cK_a\geqslant10^{-8}$ 才能直接准确滴定，这就是一元弱酸能否被强碱直接准确滴定的依据。

因为，当 $cK_a\geqslant10^{-8}$ 时，滴定突跃为 0.6pH 单位，即滴定终点与化学计量点约差 0.3pH 单位。实践证明，人眼借助于指示剂颜色变化准确判断终点必须有±0.2～±0.3pH 差异，通常以 ΔpH=±0.3 作为指示剂判别终点的极限，在这样的条件下，分析结果的相对误差才能小于±0.1%。故判断弱酸能否被直接滴定的条件是 $cK_a\geqslant10^{-8}$。

反过来，如果用强酸滴定强碱或用强酸滴定一元弱碱则滴定曲线与上述相似，但 pH 的变化方向相反，如图 2-4 所示。溶液的 pH 随滴定的进行而减小，在化学计量点前后同样会产生突跃。

如 0.1000mol/L HCl 滴定 0.1000mol/L $NH_3\cdot H_2O$ 溶液时，溶液的 pH 由大到小，滴定曲线形状恰好与 NaOH 溶液滴定 CH_3COOH 相反。化学计量点时生成物 NH_4Cl 为弱酸，化学计量点的 pH=5.3，溶液显酸性。滴定的突跃范围为 pH=4.30～6.25，故滴定时应选用甲基红或溴甲酚绿等微酸性范围内变色的指示剂。

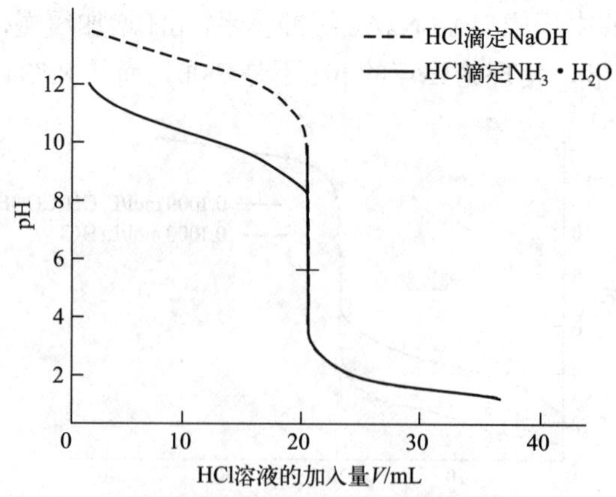

图 2-4　强酸滴定强碱、弱碱滴定曲线比较图

与强碱滴定弱酸相似，其突跃范围大小也与弱碱的浓度和弱碱的电离常数 K_b 有关。浓度

大，突跃范围大；碱越弱，pH 突跃越小。当 $cK_b \geqslant 10^{-8}$ 时，滴定曲线有明显的突跃。判断弱碱是否能被直接滴定的条件是 $cK_b \geqslant 10^{-8}$ 。

3. 多元碱的滴定（HCl 滴定 Na_2CO_3）

滴定分析中常用 Na_2CO_3 作基准物质标定 HCl 溶液。现以 0.1000mol/L HCl 溶液滴定 20.00mL 0.1mol/L Na_2CO_3 为例，讨论多元碱的滴定。

H_2CO_3 是很弱的二元酸，在水溶液中分步电离：

$$H_2CO_3 \rightleftharpoons H^+ + HCO_3^- \qquad pK_{a_1} = 6.38$$

$$HCO_3^- \rightleftharpoons H^+ + CO_3^{2-} \qquad pK_{a_2} = 10.25$$

用 HCl 滴定 Na_2CO_3 时，分两步中和，首先与 CO_3^{2-} 反应生成 HCO_3^- 达到第一个化学计量点。此时溶液的 pH 由 HCO_3^- 的浓度决定，HCO_3^- 为两性物质，按近似公式计算得到：

$$[H^+]=4.85\times10^{-9}\text{mol/L}$$

$$pH=8.31$$

第二个化学计量点的滴定产物是 H_2CO_3，其饱和溶液的浓度为0.04mo1/L，故溶液的pH为：

$$[H^+]=1.3\times10^{-4}\text{mo1/L}$$

$$pH=3.89$$

碳酸是二元弱酸，它和它的盐类统称为碳酸化合物。碳酸化合物在水中存在的形态有三种：（1）分子状态溶解的二氧化碳和碳酸；（2）离子状态的 HCO_3^-，称为碳酸氢盐；（3）离子状态的 CO_3^{2-} ，称为碳酸盐。

各种形态的碳酸按以下反应式相互转化：

$$CO_2+H_2O \rightleftharpoons H_2CO_3 \rightleftharpoons H^+ + HCO_3^- \rightleftharpoons 2H^+ + CO_3^{2-}$$

当 pH<4 时，水中只有 CO_2 一种形态；pH 升高时，CO_2 浓度降低，HCO_3^- 浓度增大，当 pH=8.3～8.4 时，98%以上的碳酸化合物以 HCO_3^- 形态存在；当 pH>8.3 时，CO_2 消失，HCO_3^- 浓度降低，CO_3^{2-} 浓度增大；当 pH=12 时，水中碳酸化合物几乎完全以 CO_3^{2-} 形态存在，因此 HCO_3^- 存在的 pH 范围在 4～12 之间。

高风亮华夏，鸿业昭学界——高鸿

高鸿，我国近代仪器分析学科奠基人之一，分析化学家、中国科学院院士。1943 年毕业于国立中央大学化学系，1945 年 2 月赴美国伊利诺大学专攻分析化学，1948 年 2 月回国。1980 年 11 月当选中国科学院学部委员，主攻仪器分析方向，特别致力于电化学分析的研究。他在近代极谱分析基础理论和新技术、新方法的研究方面成绩卓著，先后发表论文近 300 篇，出版学术专著 4 部，曾多次荣获全国科学大会奖、国家自然科学奖、全国优秀图书奖等国家级奖励。晚年的高鸿，在谈及当年的选择时，深有感触地说："梁园虽好，但非久留之地，我应该为我的祖国和同胞服务，我的事业在祖国。"尤其是提到故乡的人和事，他更是按捺不住内心的激动。1992 年，74 岁的高鸿先生受聘于西北大学，竭尽全力为陕西高等教育事业发展作贡献。2014 年 8 月“高鸿奖学金”首届启动，“高鸿奖学金”按照高鸿院士生前遗愿创办，旨在鼓励家乡家境贫困、学业上进的青少年学子深造学习。

五、酸碱指示剂

酸碱滴定法的关键问题是化学计量点的确定。酸碱滴定分析中，确定计量点的方法有指示剂法和仪器法两种。一般的滴定都是利用指示剂的变色作为到达计量点的标志，这种方法简单、方便，是确定滴定终点的基本方法。酸碱滴定法为了能够正确地完成滴定，需要了解酸碱指示剂的颜色变化、变色原理及变色范围，以便能正确地选择指示剂来判断滴定终点，从而获得准确的分析结果。

1. 酸碱指示剂的变色原理

酸碱指示剂一般是弱的有机酸或有机碱，一般用通式 HIn 或 InOH 来表示。其酸及其共轭碱具有不同的颜色。当溶液的 pH 改变时，指示剂失去质子或得到质子发生了酸式和碱式结构上的变化，从而引起颜色的变化。

以弱酸指示剂 HIn 为例，它在溶液中存在如下电离平衡：

$$\underset{\text{酸式色}}{\mathrm{HIn}} \rightleftharpoons \mathrm{H^+} + \underset{\text{碱式色}}{\mathrm{In^-}}$$

当溶液中$[H^+]$增加时，电离平衡向左移动而呈现酸式色；当溶液中$[H^+]$降低时，平衡向右移动而呈现碱式色。可见改变溶液的酸碱性会使指示剂颜色发生变化。

通过上述分析，可得出结论：酸碱指示剂变色的内因是指示剂本身结构的变化，外因是溶液中$[H^+]$的改变。

2. 酸碱指示剂的变色范围

溶液 pH 的变化可使指示剂颜色发生变化，现以弱酸型(HIn)指示剂为例来讨论指示剂的理论变色点和变色范围。HIn 在溶液中有如下的电离平衡：

$$\mathrm{HIn} \rightleftharpoons \mathrm{H^+} + \mathrm{In^-}$$

$$K_{\mathrm{HIn}} = \frac{[\mathrm{H^+}][\mathrm{In^-}]}{[\mathrm{HIn}]} \quad \text{或} \quad [\mathrm{H^+}] = K_{\mathrm{HIn}}\frac{[\mathrm{HIn}]}{[\mathrm{In^-}]}$$

所以

$$\mathrm{pH} = \mathrm{p}K_{\mathrm{HIn}} - \lg\frac{[\mathrm{HIn}]}{[\mathrm{In^-}]}$$

溶液呈现什么颜色主要决定于$\frac{[\mathrm{HIn}]}{[\mathrm{In^-}]}$的值。该比值又与$K_{\mathrm{HIn}}$和$[H^+]$有关。

在一定温度下，$\mathrm{p}K_{\mathrm{HIn}}$是个常数。因此，浓度比$\frac{[\mathrm{HIn}]}{[\mathrm{In^-}]}$仅受溶液 pH 的影响。

当$[\mathrm{HIn}]=[\mathrm{In^-}]$时，溶液的$\mathrm{pH}=\mathrm{p}K_{\mathrm{HIn}}$，此时酸式色和碱式色各占 50%,呈现混合色，此时的 pH 称为指示剂的理论变色点。但是人的眼睛对颜色的分辨能力有一定限度。极少量的$[H^+]$的变化很难分辨出溶液颜色变化，一般来说，只有当 HIn 浓度大于 In^-浓度 10 倍以上时，才能看到酸式色；当 In^-浓度大于 HIn 浓度 10 倍以上时，方可看到碱式色。

它们的关系是：

$\frac{[HIn]}{[In^-]} \geqslant \frac{10}{1}$，则 $pH \leqslant pK_{HIn}-1$，溶液主要呈酸式色；

$\frac{[HIn]}{[In^-]} \leqslant \frac{1}{10}$，则 $pH \geqslant pK_{HIn}+1$，溶液主要呈碱式色。

由此可见，当溶液 pH 由 $pK_{HIn}-1$ 向 $pK_{HIn}+1$ 逐渐改变时，理论上人眼可看到指示剂由酸式色逐渐过渡到碱式色。这种理论上可以看到的引起指示剂颜色变化的 pH 间隔（$pH=pK_{HIn}\pm 1$ 也即 $pK_{HIn}-1 \leqslant pH \leqslant pK_{HIn}+1$），我们称为指示剂的理论变色范围，这个范围相差 2 个 pH 单位。

由于人眼对各种颜色的敏感程度不同，加上两种颜色互相掩盖影响观察，因此，观察到的实际变色范围与上述理论变色范围并不完全一致。例如，甲基橙的 $pK_{HIn}=3.4$，理论变色范围应是 2.4～4.4，而实际测得变色范围是 3.1～4.4，产生这种差别的原因是人们的眼睛对甲基橙的酸式色（红色）较之对碱式色（黄色）更为敏感。所以甲基橙的变色范围在 pH 小的一端就短些。

综上所述，酸碱指示剂的颜色随 pH 的变化而变化，形成一个变色范围。各种指示剂由于其 pK_{HIn} 不同，变色范围也不同，各种指示剂变色范围的幅度也各不相同。大多数指示剂的变色幅度是 1.6～1.8 个 pH 单位。指示剂变色范围越窄越好，因为 pH 稍有改变就可观察到溶液颜色的改变，有利于提高测定结果的准确度。表 2-3 列出了几种常用酸碱指示剂的变色范围。

表 2-3　几种常用酸碱指示剂

指示剂	变色范围 pH（室温）	颜色变化 酸色—碱色	pK_{HIn}（室温）	浓度	用量/（滴/10mL 试液）
百里酚蓝	1.2～2.8	红—黄	1.7	0.1%的 20%乙醇溶液	1～2
甲基橙	3.1～4.4	红—黄	3.4	0.1%或 0.5%的水溶液	1
溴酚蓝	3.0～4.6	黄—蓝	4.1	0.1%的 20%乙醇溶液（或其钠盐的水溶液）	1
甲基红	4.4～6.2	红—黄	5.0	0.1%的 60%乙醇溶液（或其钠盐的水溶液）	1
溴百里酚蓝	6.2～7.6	黄—蓝	7.3	0.1%的 20%乙醇溶液（或其钠盐的水溶液）	1
中性红	6.8～8.0	红—橙黄	7.4	0.1%的 60%乙醇溶液	1
酚酞	8.0～10.0	无—红	9.1	0.1%的 90%乙醇溶液	1～3
百里酚酞	9.4～10.6	无—蓝	10.0	0.1%的 90%乙醇溶液	1～2

3. 影响酸碱指示剂变色的主要因素

（1）温度　酸碱指示剂的变色点、变色范围的决定因素是指示剂的 K_{HIn}，而 K_{HIn} 是随温度变化而变化的。如 18℃时，甲基橙的变色范围是 pH=3.1～4.4；100℃时，则为 pH=2.5～3.7。

（2）指示剂的用量　若指示剂用量过多（或浓度过高），指示剂就会多消耗一些标准溶液从而带来误差；对于双色指示剂，增大指示剂浓度使 HIn 与 In^- 本来易于分辨的两种颜色变得难于分辨，客观上降低了指示剂的灵敏度。此外，指示剂的用量对单色指示剂的变色范围影响也较大。单色指示剂用量过多时，其变色范围向 pH 低的方向移动。如在 50mL 溶液中加入

2～3 滴 0.1%酚酞，在 pH=9.0 时出现微红色；若加入 10～15 滴酚酞，则在 pH=8.0 时就会出现微红色。因此，在滴定中应避免加过多的指示剂。

（3）滴定顺序　滴定顺序对选择指示剂也很重要。在实际工作中，指示剂使用不当也会影响其变色的敏锐性。例如酚酞由无色（酸式色）变为红色（碱式色）颜色变化敏锐；甲基橙由黄色变为红色比由红色变为黄色易于辨别。因此，用强酸滴定强碱时应选用甲基红作指示剂，而强碱滴定强酸时则常选用酚酞作指示剂。

4. 混合指示剂

单一指示剂的变色范围一般都较宽。然而在酸碱滴定中有时需要将滴定终点限制在很窄的 pH 范围内，这时，可采用混合指示剂。混合指示剂是利用颜色的互补作用来提高颜色变化的敏锐性使其具有变色范围窄、变色明显等优点。广范 pH 试纸就是用混合指示剂制成的。

混合指示剂一般有两种配制方法：一种是由两种或两种以上的指示剂按比例混合而成；另一种方法是用一种不随 H^+浓度变化而改变颜色的染料与一种指示剂混合而成。

例如，溴甲酚绿和甲基红两种指示剂所组成的混合指示剂，较两种单一使用时具有变色敏锐的优点；甲基橙和靛蓝染料组成的混合指示剂，靛蓝的蓝色在滴定过程中只作为甲基橙变色的背景色，该混合指示剂较单一甲基橙指示剂变色灵敏，易于辨别。表 2-4 列出几种常用混合指示剂及其配制方法。

表 2-4　常用的混合指示剂及其配制方法

指示剂的组成	变色点（pH）	酸色	碱色
一份 0.1%甲基黄乙醇溶液，一份 0.1%亚甲基蓝乙醇溶液	3.25	蓝紫	绿
三份 0.1%溴甲酚绿乙醇溶液，一份 0.2%甲基红乙醇溶液	5.1	酒红	绿
一份 0.1%溴甲酚绿钠水溶液，一份 0.2%甲基橙水溶液	4.3	橙	蓝绿
一份 0.1%甲基橙水溶液，一份 0.25%靛蓝二磺酸钠水溶液	4.1	紫	黄绿
三份 0.2%甲基红乙醇溶液，二份 0.2%亚甲基蓝乙醇溶液	5.4	红紫	绿
一份 0.1%中性红乙醇溶液，一份 0.1%亚甲基蓝乙醇溶液	7.0	蓝紫	绿
一份 0.1%百里酚蓝 50%乙醇溶液，三份 0.1%酚酞 50%乙醇溶液	9.0	黄	紫

5. 酸碱指示剂的选择

酸碱滴定突跃范围是选择指示剂的主要依据。

选择指示剂的原则：一是指示剂的变色范围全部或部分落在滴定突跃范围之内；二是指示剂的变色点尽量靠近化学计量点。

例如，用 0.1000mol/L NaOH 溶液滴定 0.1000mol/L 的 HCl 溶液，其突跃范围为 pH=4.3～9.7，可选用甲基红（4.4～6.2）、酚酞（8.0～10.0）作该滴定的指示剂。用甲基橙（3.1～4.4）也可以，但误差稍大。

当用 0.01000mol/L NaOH 溶液滴定 0.01000mol/L 的 HCl 溶液时，滴定突跃范围为 5.30～8.70，甲基红和酚酞仍可用作指示剂，用甲基橙指示剂就不合适了，否则相对误差不在–0.1%以内。用 NaOH 溶液滴定其它强酸溶液，其滴定情况相似，指示剂的选择也相似。

酸碱溶液浓度越大，滴定突跃范围越大，供选择的指示剂就越多，但试剂的消耗量也增大。酸碱溶液浓度小，则滴定突跃范围小，不易选择指示剂。因此，常用的酸碱标准溶液浓度多控制在 0.01～1mol/L。

【任务实施】

盐酸溶液的标定

一、任务说明

1. 0.1mol/L 盐酸溶液的配制

常见浓盐酸中 HCl 质量分数（ω）为 36%～37%，浓盐酸密度（ρ）为 1.19g/mL。由于浓盐酸易挥发放出 HCl 气体，不能直接配制标准溶液，因此配制 HCl 溶液需用间接配制法。

根据溶液稀释前后溶质不变，配制一定体积（V）、一定物质的量浓度（c）的 HCl 溶液需用浓盐酸的体积通过下式计算：

$$V_{浓盐酸}=\frac{cVM(\mathrm{HCl})}{\omega\rho}\times\frac{1}{1000}$$

取所需量的浓盐酸加水稀释成一定体积、一定物质的量浓度的稀盐酸。

2. 0.1mol/L 盐酸溶液的标定

间接法配制的 HCl 溶液准确浓度需要标定。标定盐酸时，常用的基准物质有无水碳酸钠和硼砂等，本实验采用无水碳酸钠为基准物质，以甲基橙指示剂指示终点，终点颜色由黄色变为橙色。用 Na_2CO_3 标定 HCl 溶液的反应分两步进行：

$$HCl + Na_2CO_3 == NaCl + NaHCO_3$$

$$HCl + NaHCO_3 == NaCl + H_2O + CO_2\uparrow$$

反应完全时，化学计量点的 pH 是 3.89，pH 突跃范围为 3.5～5.0，可选甲基橙或甲基红作指示剂。

二、任务准备

1. 仪器

电子天平（精度 0.1mg），25mL 酸式滴定管，250mL 锥形瓶，100mL、10mL 量筒，500mL、250mL 容量瓶，25mL 移液管、烧杯等。

2. 试剂

浓盐酸（密度为 1.19g/mL，质量分数为 36.5%）、无水 Na_2CO_3（基准试剂）、甲基橙指示剂（0.2%水溶液）。

三、工作过程

1. 0.1mol/L 盐酸溶液的配制

用洁净的 10mL 量筒量取浓盐酸 4.2mL，缓缓倒入盛有适量水的烧杯中，搅拌均匀，冷却至室温，借助玻璃棒转入 500mL 容量瓶中，用水稀释至刻度，摇匀。

2. 0.1mol/L 盐酸溶液的标定

在电子天平上用差减法准确称取 1.0～1.2g 的基准试剂无水 Na_2CO_3，加蒸馏水溶解后，转入 250mL 容量瓶中，稀释至刻度，倒转摇匀。用 25mL 移液管移取 25.00mL 该溶液置于

250mL 锥形瓶中，加入 2 滴甲基橙指示剂，用 HCl 溶液滴定至溶液由黄色变为橙色，即为终点。读取终读数，记录滴定时消耗 HCl 溶液的体积。平行滴定 3 次。

注：Na_2CO_3 标定 HCl 溶液时，反应本身由于产生 H_2CO_3，会使滴定突跃不明显，使指示剂颜色变化不够敏锐，因此，在接近滴定终点之前，最好把溶液加热至沸腾，并摇动以赶走 CO_2，冷却后再滴定。若不小心，滴加盐酸过量，终点已过，可用 NaOH 标准溶液回滴至重现黄色，再用盐酸滴定至终点。将回滴的 NaOH 标准溶液的体积换算成盐酸的体积，并从滴定消耗盐酸总体积中扣除。

四、数据记录与处理

根据基准试剂无水碳酸钠的质量，计算 HCl 溶液的准确浓度，并将其填入下表中。

$$c(\mathrm{HCl})=\frac{2m(\mathrm{Na_2CO_3})\times\dfrac{25.00}{250.0}}{V(\mathrm{HCl})\times\dfrac{M(\mathrm{Na_2CO_3})}{1000}}$$

盐酸标准溶液的标定

项目	1	2	3
$m(Na_2CO_3)$/g			
$M(Na_2CO_3)$/(g/mol)			
Na_2CO_3 溶液的体积/mL			
每次滴定所用 Na_2CO_3 溶液的体积/mL			
HCl 溶液初读数/mL			
HCl 溶液终读数/mL			
$V(HCl)$/mL			
$c(HCl)$/(mol/L)			
$\bar{c}(HCl)$/(mol/L)			
相对极差/%			

【巩固提高】

1. 什么是水的离子积？常温下的数值是什么？

2. 如何判断水溶液的酸碱性？

3. 为什么不用 NaOH 标准溶液直接滴定 NH_4^+？

4. 在滴定分析中，滴定管、移液管为什么需要用待装溶液润洗几次？滴定中使用的锥形瓶、烧杯是否也要用操作溶液润洗？

5. 从滴定管中流出半滴溶液的操作要领是什么？

任务 2　测定混合碱的成分

子任务 1　测定 NaOH 和 Na_2CO_3 混合碱的成分

【任务目标】

知识目标

1. 了解双指示剂法测定混合碱各组分的原理和方法。
2. 理解测定混合碱中 NaOH 和 Na_2CO_3 含量的原理和方法。

能力目标

1. 掌握在同一份溶液中用双指示剂法测定混合碱中 NaOH 和 Na_2CO_3 含量。
2. 掌握减量法称取样品的操作技术。

素质目标

1. 树立团队协作精神，培养良好的工作习惯。
2. 理论为实践服务，树立崇高的职业道德。

【知识储备】

NaOH 和 Na_2CO_3 混合碱的分析

混合碱系指 NaOH（也称火碱、烧碱、苛性钠）和 Na_2CO_3 或 Na_2CO_3 和 $NaHCO_3$ 的混合物。

烧碱在生产和贮存过程中，因吸收空气中的 CO_2 而产生部分 Na_2CO_3，在测定烧碱中 NaOH 含量的同时，常常要测定 Na_2CO_3 的含量，故称为混合碱的分析。

工业混合碱的主要成分若为 Na_2CO_3 和 NaOH，其中可能还含少量的 Na_2SO_4、NaCl 等成分。可采用“双指示剂法”进行测定。即利用两种指示剂在不同化学计量点的颜色变化，得到两个终点，分别根据各终点时所消耗的酸标准溶液的体积，计算各成分的含量。

在混合碱溶液中先加入酚酞指示剂（可适当多加几滴，否则常因滴定不完全而使 NaOH 的测定结果偏低，Na_2CO_3 的测定结果偏高），用 HCl 标准溶液滴定至溶液刚好变为无色（或略带浅粉红色）时，NaOH 完全被中和，而 Na_2CO_3 只被滴定到 $NaHCO_3$，即只中和了一半，这是滴定的第一个化学计量点(pH=8.32)，设这时用去 HCl 标准溶液的体积为 V_1（mL）。发生的反应如下：

$$Na_2CO_3 + HCl \equiv NaHCO_3 + NaCl$$

$$NaOH + HCl \equiv NaCl + H_2O$$

注：在达到第一计量点之前，不应有 CO_2 的损失，若溶液中 HCl 溶液局部过量，可能会引起 CO_2 的损失，带来很大误差。因此滴定时溶液应冷却，最好将锥形瓶置于冰水中，加酸时宜慢些，摇动要均匀，但滴定也不能太慢，以免溶液吸收空气中的 CO_2。

在此溶液中再加入甲基橙指示剂，用 HCl 标准溶液继续滴定至甲基橙变为橙色时，$NaHCO_3$ 进一步被中和生成 CO_2，这是滴定的第二个化学计量点（pH=3.89），设此时又用去 HCl 标准溶液的体积为 V_2（mL）。发生的化学反应如下：

$$NaHCO_3 + HCl \overline{\overline{\quad}} NaCl + CO_2 \uparrow + H_2O$$

则 $V_1>V_2$，且 Na_2CO_3 消耗的体积为 $2V_2$，总碱量所消耗的 HCl 标准溶液的体积为 V_1+V_2，NaOH 消耗的 HCl 标准溶液的体积为（V_1-V_2）。据此，根据 HCl 标准溶液的浓度和体积即可分别计算总碱量和 NaOH、Na_2CO_3 的含量。

滴定过程可用图解表示如下：

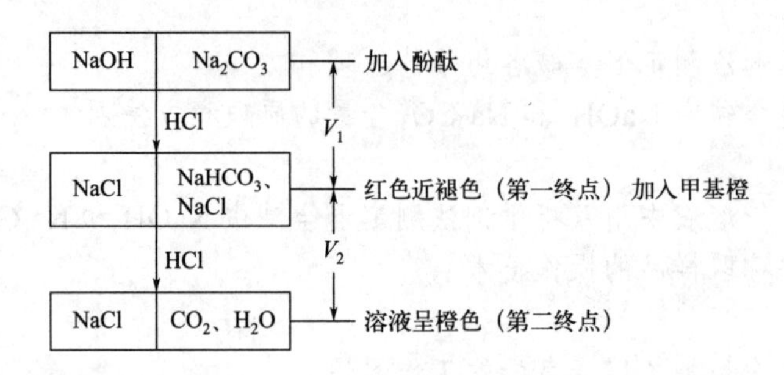

即测定工业混合碱可用酚酞及甲基橙来分别作指示剂，当酚酞变色时，NaOH 全部被中和，而 Na_2CO_3 只被中和到一半，在此溶液中再加甲基橙指示剂，继续滴加到终点，则滴定完成。

实验指南与安全提示：

① 在溶解混合碱试样时一定要用新煮沸的冷蒸馏水，使其充分溶解，然后再移入容量瓶里，最后再用新煮沸的冷蒸馏水稀释至刻度。

② 如果待测试样为混合碱溶液，则直接用移液管准确吸取 25.00mL 试液三份，分别加入冷蒸馏水，按同样的方法进行测定。

③ 测定速度要慢，接近终点时每加一滴后摇匀，至颜色稳定后再加入第二滴，否则，因为颜色变化太慢，容易过量。

④ 浓盐酸既有挥发性又有腐蚀性，使用时注意通风且不要接触皮肤和衣物。

【任务实施】

一、任务准备

1. 仪器

分析天平、烧杯、试剂瓶、250mL 容量瓶、50mL 量筒、250mL 锥形瓶、25mL 酸式滴定管、25mL 移液管等。

混合碱的测定

2. 试剂

浓盐酸、硼砂、酚酞指示剂（10g/L）、甲基橙指示剂（0.2%水溶液）、工业混合碱试样等。

二、工作过程

1. 0.1moI/L HCl 标准溶液配制与标定

（1）配制　用量筒量取 2.3mL 浓盐酸，缓缓加入盛有适量蒸馏水的烧杯中，用玻璃棒搅拌，使其混匀并冷却至室温，然后转入 250mL 容量瓶中稀释定容，摇匀，待标定。

（2）标定　用差减法准确称取 0.3～0.4g 硼砂三份，分别置于 250mL 锥形瓶中，加 20mL 蒸馏水使之溶解，然后分别滴入 2 滴甲基红指示剂。用上述配好的盐酸滴定至溶液由黄色刚好变为橙色，30s 不褪色即为终点。记录所消耗的 HCl 溶液的体积。用同样方法滴定另外两份。计算 HCl 溶液的准确浓度。

2. 工业混合碱的测定

用分析天平准确称取 1.3～1.4g 工业混合碱试样于烧杯中，加入 50mL 新煮沸的冷蒸馏水使之溶解，转入 250mL 容量瓶中稀释定容，摇匀。

用移液管移取 25.00mL 混合碱溶液于 250mL 锥形瓶中，加 2～3 滴酚酞指示剂，用 HCl 标准溶液滴定至略带浅粉红色（即红色近乎消失）为第一终点，记录消耗 HCl 标准溶液的体积 V_1；再加 1～2 滴甲基橙指示剂，继续用 HCl 标准溶液滴定至甲基橙变为橙色为第二终点，记录消耗 HCl 标准溶液的体积 V_2。平行滴定三次。根据 V_1 与 V_2 的大小判断混合碱组成。

三、数据记录与处理

（1）盐酸标准溶液的标定

$$c(\mathrm{HCl})=\frac{2m(\mathrm{Na_2B_4O_7}\cdot 10\mathrm{H_2O})}{M(\mathrm{Na_2B_4O_7}\cdot 10\mathrm{H_2O})\cdot V(\mathrm{HCl})}\times 1000$$

式中　$c(\mathrm{HCl})$——HCl 标准溶液的浓度，mol/L；

$V(\mathrm{HCl})$——所用 HCl 标准溶液的体积，mL；

$m(\mathrm{Na_2B_4O_7}\cdot 10\mathrm{H_2O})$——硼砂的质量，g；

$M(\mathrm{Na_2B_4O_7}\cdot 10\mathrm{H_2O})$——硼砂的摩尔质量，g/mol。

（2）工业混合碱的测定

$$\omega(\mathrm{NaOH})=\frac{c(\mathrm{HCl})(V_1-V_2)\times\frac{M(\mathrm{NaOH})}{1000}}{m(\text{试样})\times\frac{25.00}{250.0}}\times 100\%$$

$$\omega(\mathrm{Na_2CO_3})=\frac{2V_2c(\mathrm{HCl})\times\frac{M(\mathrm{Na_2CO_3})}{2000}}{m(\text{试样})\times\frac{25.00}{250.0}}\times 100\%$$

式中　$\omega(\mathrm{NaOH})$——NaOH 的质量分数；

$\omega(\mathrm{Na_2CO_3})$——$Na_2CO_3$ 的质量分数；

V_1——第一终点时消耗 HCl 标准溶液的体积，mL；

V_2——第二终点时消耗 HCl 标准溶液的体积，mL；

M(NaOH)——NaOH 的摩尔质量，g/mol；

M(Na_2CO_3)——Na_2CO_3 的摩尔质量，g/mol。

硼砂标定 HCl 溶液

项目	1	2	3
硼砂质量/g			
HCl 溶液初读数/mL			
HCl 溶液终读数/mL			
V(HCl)/mL			
c(HCl)/(mol/L)			
$\bar{c}$ (HCl)/(mol/L)			
相对平均偏差/%			

工业混合碱分析

项目	1	2	3
倾出前（称量瓶+试样）质量/g			
倾出后（称量瓶+试样）质量/g			
试样的质量/g			
滴定前滴定管读数/mL			
第一滴定终点时消耗 HCl 标准溶液的体积 V_1/mL			
第二滴定终点时消耗 HCl 标准溶液的体积 V_2/mL			
$\omega(Na_2CO_3)$/%			
$\bar{\omega}(Na_2CO_3)$/%			
相对平均偏差/%			
ω(NaOH)/%			
$\bar{\omega}$(NaOH)/%			
相对平均偏差/%			

【巩固提高】

1. 吸取样品溶液及配制样品溶液时，移液管和容量瓶是否要烘干？

2. 用盐酸标准溶液滴定至酚酞变色时，如超过终点是否可用碱标准溶液回滴？试说明原因。

3. 试说明测定工业混合碱的原理。

子任务 2　测定 $NaHCO_3$ 和 Na_2CO_3 混合碱的成分

【任务目标】

知识目标

1. 了解双指示剂法测定混合碱各组分的原理和方法。

2. 了解测定混合碱中 $NaHCO_3$、Na_2CO_3 含量的原理和方法。

能力目标

1. 掌握在同一份溶液中用双指示剂法对混合碱中 $NaHCO_3$、Na_2CO_3 含量的测定。
2. 掌握差减法称取样品的操作技术。

素质目标

1. 帮助学生树立崇高的职业道德。
2. 帮助学生养成求真、务实、严谨的科学态度。

【知识储备】

$NaHCO_3$ 和 Na_2CO_3 混合碱的分析

若混合碱系 Na_2CO_3 和 $NaHCO_3$ 的混合物，在混合碱溶液中先加入酚酞指示剂，用 HCl 标准溶液滴定至溶液刚好变为无色（或略带浅粉红色）时，$NaHCO_3$ 没被滴定，Na_2CO_3 只被滴定到 $NaHCO_3$，即只中和了一半，这是滴定的第一化学计量点（pH=8.32），设这时用去 HCl 标准溶液的体积为 V_1（mL）。反应如下：

$$Na_2CO_3 + HCl = NaHCO_3 + NaCl$$

在此溶液中再加入甲基橙指示剂，用 HCl 标准溶液继续滴定至甲基橙变橙色时，$NaHCO_3$ 进一步被中和为 CO_2，这是滴定的第二化学计量点（pH=3.89），则滴定完成。设此时又用去 HCl 标准溶液的体积为 V_2（mL）。反应如下：

$$NaHCO_3 + HCl = NaCl + CO_2\uparrow + H_2O$$

则 $V_1 < V_2$，且 Na_2CO_3 消耗 HCl 标准溶液的体积为 $2V_1$，总碱量所消耗的 HCl 标准溶液的体积为（V_1+V_2），$NaHCO_3$ 消耗 HCl 标准溶液的体积为（V_2-V_1）。据此，根据 HCl 标准溶液的浓度和体积即可分别计算总碱量（以 Na_2CO_3 计）和 $NaHCO_3$、Na_2CO_3 的含量。

滴定过程可用图解表示如下：

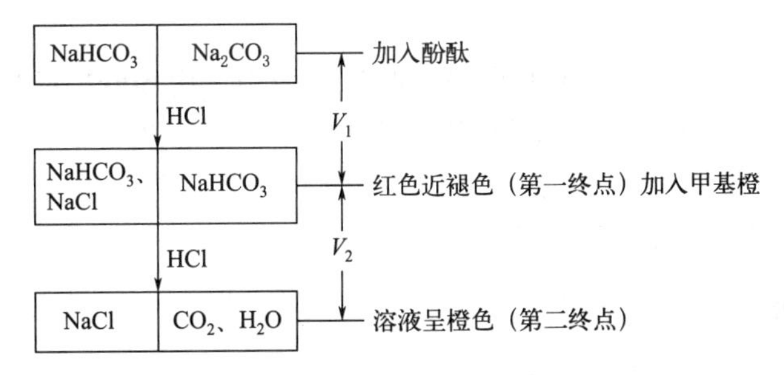

由以上可知，若混合碱系未知组成的试样，则根据 V_1 与 V_2 的数据大小，便可确定试样由何种碱所组成，从而可算出试样中各组分的含量。

根据 V_1 和 V_2，判断试样混合碱的组成：

当 $V_1\neq 0$，$V_2=0$ 时，试样为 NaOH；

当 $V_1= 0$，$V_2\neq 0$ 时，试样为 $NaHCO_3$；

当 $V_1= V_2\neq 0$ 时，试样为 Na_2CO_3；

当 $V_1>V_2>0$ 时，试样为 NaOH 和 Na_2CO_3 的混合物；

当 $0<V_1<V_2$ 时，试样为 Na_2CO_3 和 $NaHCO_3$ 的混合物。

【例 2-6】 称取含有惰性杂质的混合碱试样 1.200g，溶于水后，用 0.5000mol/L HCl 标准溶液滴定至酚酞褪色，消耗的 HCl 标准溶液的体积为 30.00mL。然后再加入甲基橙指示剂，用 HCl 标准溶液继续滴定至呈橙色时，消耗 HCl 标准溶液的体积为 5.00mL。问混合碱试样由何种成分组成（除惰性杂质外）？各成分的含量是多少？

解：本分析中 HCl 标准溶液用量 V_1=30.00mL，V_2=5.00mL。根据滴定的体积关系：$V_1>V_2>0$，本分析的混合碱试样系由 NaOH 和 Na_2CO_3 所组成。

则

$$\omega(\mathrm{Na_2CO_3})=\frac{2\times 5.00\times 0.5000\times\dfrac{106.0}{2000}}{1.200}\times 100\%=22.08\%$$

$$\omega(\mathrm{NaOH})=\frac{(30.00-5.00)\times\dfrac{1}{1000}\times 0.5000\times 40.00}{1.200}\times 100\%=41.67\%$$

【任务实施】

一、任务准备

1. 仪器

分析天平（精度 0.1mg）、250mL 锥形瓶、50mL 量筒、酸式滴定管。

2. 试剂

0.1000mol/L HCl 标准溶液、酚酞指示剂（10g/L）、0.2%甲基橙指示剂、混合碱试样。

二、工作过程

用差减法称取 1.000g 混合碱试样于 250mL 锥形瓶中，用 50mL 蒸馏水溶解，加 2～3 滴酚酞指示剂，用 0.1000mol/L HCl 标准溶液滴定至红色近乎消失，消耗 HCl 标准溶液体积为 V_1。然后加 1～2 滴甲基橙指示剂，继续用 HCl 标准溶液滴定至甲基橙变为橙色为终点，消耗 HCl 标准溶液体积为 V_2。平行滴定三次。

三、数据记录与处理

总碱量和 $NaHCO_3$、Na_2CO_3 的含量的计算：

$$\omega(\mathrm{Na_2CO_3})=\frac{c(\mathrm{HCl})2V_1\times\dfrac{M(\mathrm{Na_2CO_3})}{2000}}{m(\text{试样})}\times 100\%$$

$$\omega(\mathrm{NaHCO_3})=\frac{c(\mathrm{IICl})(V_2-V_1)\times\dfrac{M(\mathrm{NaHCO_3})}{1000}}{m(\text{试样})}\times 100\%$$

$$\omega_{总}(Na_2CO_3)=\frac{c(HCl)(V_2+V_1)\times\frac{M(Na_2CO_3)}{2000}}{m(试样)}\times100\%$$

式中 $\omega(Na_2CO_3)$——Na_2CO_3 的质量分数；

$\omega(NaHCO_3)$——$NaHCO_3$ 的质量分数；

$\omega_{总}(Na_2CO_3)$——混合碱的总碱度（以相当于 Na_2CO_3 的质量分数计）；

V_1——第一终点时消耗 HCl 标准溶液的体积，mL；

V_2——第二终点时消耗 HCl 标准溶液的体积，mL；

$M(Na_2CO_3)$——Na_2CO_3 的摩尔质量，g/mol；

$M(NaHCO_3)$——$NaHCO_3$ 的摩尔质量，g/mol。

混合碱分析数据记录

项目	1	2	3
m(试样)/g			
V_1/mL			
V_2/mL			
c(HCl)/(mol/L)			
$\omega(Na_2CO_3)$/%			
$\bar{\omega}(Na_2CO_3)$/%			
相对平均偏差/%			
$\omega(NaHCO_3)$/%			
$\bar{\omega}(NaHCO_3)$/%			
相对平均偏差/%			
$\omega_{总}(Na_2CO_3)$/%			
$\bar{\omega}_{总}(Na_2CO_3)$/%			
相对平均偏差/%			

【巩固提高】

1. 欲测定混合碱中总碱度，应选用何种指示剂？

2. 采用双指示剂法测定混合碱，在同一份溶液中测定，试判断下列五种情况下，混合碱中存在的成分是什么？

（1）V_1=0　（2）V_2=0　（3）$V_1>V_2$　（4）$V_1<V_2$　（5）$V_1=V_2$

3. 若无水 Na_2CO_3 保存不当，吸收了水分，用此基准物质标定盐酸溶液浓度时，对其结果有何影响？

4. 测定混合碱时，到达第一化学计量点前，由于滴定速度太快，摇动锥形瓶不均匀，致使滴入的 HCl 溶液局部浓度过大，使 $NaHCO_3$ 迅速转变为 H_2CO_3 并分解为 CO_2 而损失，此时采用酚酞为指示剂，记录 V_1，问对测定有何影响？

5. 利用以下数据，计算一不纯混合碱试样中 Na_2CO_3 及 $NaHCO_3$ 的含量。称取该试样 1.000g，溶于水，用 0.2500mol/L HCl 标准溶液滴定。酚酞之终点需 HCl 标准溶液 20.40mL；再以甲基橙作指示剂，继续以 HCl 标准溶液滴定至终点，共需 HCl 标准溶液 48.86mL。

任务3 电位滴定法测定水样碱度

【任务目标】

知识目标

1. 熟悉电位滴定法的基本原理。
2. 理解电位滴定法中确定终点的常用方法及其特点。
3. 了解常见电位滴定法的类型及其电极的选择。

能力目标

1. 能够掌握电位滴定法测定水样碱度的基本操作。
2. 能按标准检测要求规范完成操作规程。

素质目标

1. 感受分析化学在生产实践中的运用，激发学生学习分析化学的热情。
2. 培养学生树立崇高的职业道德。

【知识储备】

一、电位滴定法的基本原理

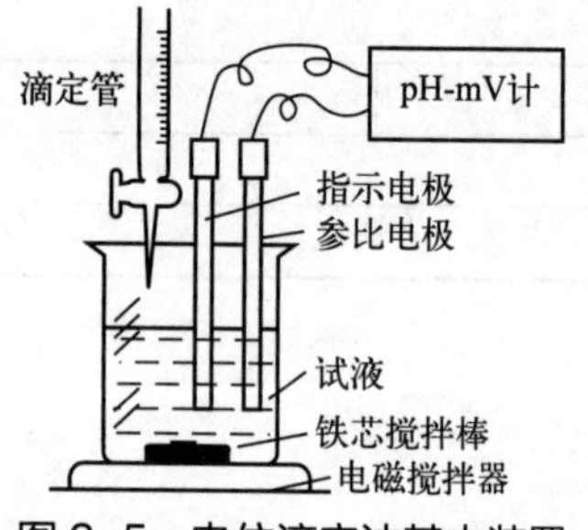

图2-5 电位滴定法基本装置

电位滴定法是将一支电极电位与被测物浓度有关的电极（称指示电极）和另一支电极电位恒定的电极（称参比电极）插入待测溶液中组成一个化学电池，先根据电池电极之间的电动势（电位差）的变化，确定终点，再根据消耗的滴定剂的体积，计算待测组分含量的一种分析方法。电位滴定法基本装置如图2-5所示。

在滴定分析中，若在溶液中插入一个合适的指示电极，化学计量点附近，由于溶液中某种离子浓度发生突跃变化，必然引起指示电极电位发生突跃变化。由此即可确定滴定的终点。

例如，电位滴定法测定自来水中Cl^-的浓度时，在被测溶液中插入Ag电极作为指示电极、一个双盐桥饱和甘汞电极作为参比电极，组成一个工作电池。随着滴定剂的加入，被测Cl^-的浓度不断发生变化，指示电极的电位也相应地发生变化，在化学计量点附近离子浓度发生滴定突跃，引起指示电极电位突跃。如果以滴定剂的用量V为横坐标，以电动势E值为纵坐标，绘制E-V曲线，作两条与滴定曲线相切的45°倾斜的直线，则等分线与曲线的交点即为滴定终点。

二、电位滴定法确定终点的方法

电位滴定法中确定终点的方法通常有以下几种。

1. E-V曲线法

以加入滴定剂的体积 V 为横坐标，相应电动势 E 为纵坐标，绘制 E-V 曲线。其形状类似于容量分析中的滴定曲线，曲线上的转折点即为化学计量点，其相应的体积即为终点时消耗指示剂的体积 V_e，如图 2-6（a）所示。

若作两条与滴定曲线成 45° 倾斜的切线，在两条切线间作一条垂线，通过垂线的中点作一条切线的平行线，该线与曲线相交的点为曲线拐点（转折点），其对应的 V_e，即为滴定终点所消耗滴定剂的体积。

缺点：准确度不高，特别是当滴定曲线斜率不够大时，较难确定终点。

2. $\Delta E/\Delta V$-$\bar{V}$ 曲线法（又称一次微商法）

以相邻两次加入滴定体积的平均值 $\bar{V}$ 为横坐标，相应 $\Delta E/\Delta V$ 为纵坐标，绘制 $\Delta E/\Delta V$-$\bar{V}$ 曲线。曲线最高点所对应的体积即为终点时的体积 V_e，如图 2-6（b）所示。

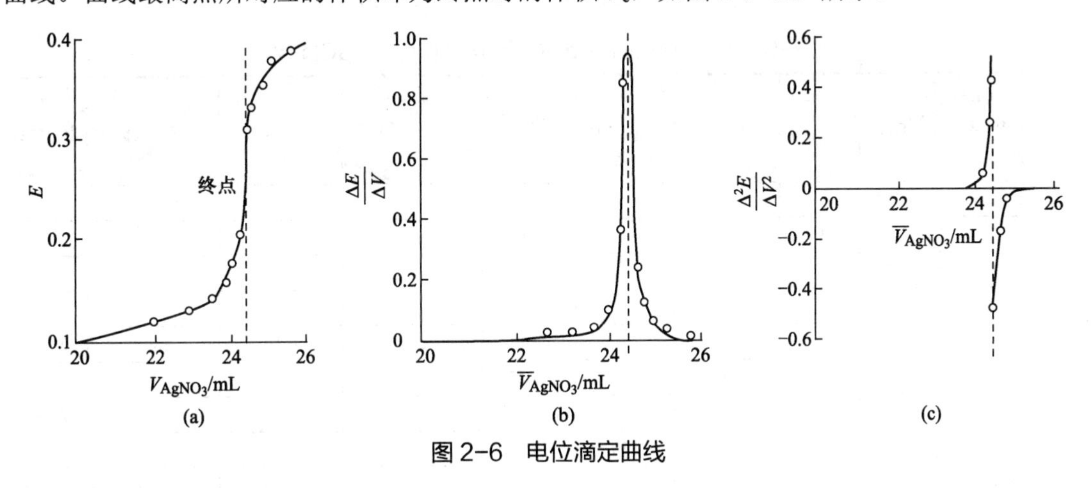

图 2-6　电位滴定曲线

优点：准确度高。

3. $\Delta^2 E/\Delta V^2$-$\bar{V}$ 曲线法（又称二次微商法）

以相邻两次加入滴定体积的平均值 $\bar{V}$ 为横坐标，相应 $\Delta^2 E/\Delta V^2$ 为纵坐标，绘制 $\Delta^2 E/\Delta V^2$-$\bar{V}$ 曲线。$\Delta^2 E/\Delta V^2=0$ 所对应的体积，就是滴定终点时所消耗的滴定剂的体积 V_e，如图 2-6（c）所示。

优点：准确度比一次微商法高。

4. 二次微商计算法

用二次微商计算法确定终点一般不必作图，这是因为 $\Delta^2 E/\Delta V^2$ 有正负两种形式时，所对应的两个体积 V_i（滴定终点前）与 V_{i+1}（滴定终点后）之间，必有 $\Delta^2 E/\Delta V^2=0$ 的这一点。该点所对应的体积即为终点体积，对应的电位即为终点电位。因此，可直接通过内插法计算得到滴定终点的体积。在滴定终点前和滴定终点后找出一对 $\Delta^2 E/\Delta V^2$ 数值（$\Delta^2 E/\Delta V^2$ 由正到负或由负到正），按下式比例计算：

$$\frac{(\Delta^2 E/\Delta V^2)_{i+1}-(\Delta^2 E/\Delta V^2)_i}{V_{i+1}-V_i}=\frac{0-(\Delta^2 E/\Delta V^2)_i}{V_{终}-V_i}$$

$$V_{终} = V_i + (V_{i+1} - V_i)\frac{0-(\Delta^2 E/\Delta V^2)_i}{(\Delta^2 E/\Delta V^2)_{i+1} - (\Delta^2 E/\Delta V^2)_i}$$

同理

$$E_{终} = E_i + (E_{i+1} - E_i)\frac{0-(\Delta^2 E/\Delta V^2)_i}{(\Delta^2 E/\Delta V^2)_{i+1} - (\Delta^2 E/\Delta V^2)_i}$$

用二次微商计算法比作图法更准确、更简便，故日常工作中较为常用。

例如，以银电极为指示电极，饱和甘汞电极为参比电极，用 0.1000mol/L $AgNO_3$ 标准溶液滴定 NaCl 溶液时，所得到的部分数据如表 2-5 所示。

（1）$\Delta E/\Delta V$ 计算方法　当加入从 24.30mL 到 24.40mL $AgNO_3$ 标准溶液时：

$$\frac{\Delta E}{\Delta V} = \frac{E_{24.40\text{mL}} - E_{24.30\text{mL}}}{24.40-24.30} = \frac{316-233}{24.40-24.30} = 830$$

表 2-5　0.1000mol/L $AgNO_3$ 标准溶液滴定 NaCl 溶液

加入 $AgNO_3$ 标准溶液的体积 V/mL	E/mV	ΔE/mV	ΔV/mL	$\Delta E/\Delta V$	$\bar{V}$/mL	$\Delta(\Delta E/\Delta \bar{V})$	$\Delta \bar{V}$/mL	$\Delta^2 E/\Delta V^2$	$\bar{V}$/mL
24.00	174								
		9	0.10	90	24.05				
24.10	183								
		11	0.10	110	24.15				
24.20	194					280	0.10	2800	24.20
		39	0.10	390	24.25				
24.30	233					440	0.10	4400	24.30
		83	0.10	830	24.35				
24.40	316					−590	0.10	−5900	24.40
		24	0.10	240	24.45				
24.50	340					−130	0.10	−1300	24.50
		11	0.10	110	24.55				
24.60	351								
		7	0.10	70	24.65				
24.70	358								
		15	0.30	50	24.85				
25.00	373								

（2）$\Delta^2 E/\Delta V^2$ 计算方法　当加入从 24.25mL 到 24.35mL 的 $AgNO_3$ 标准溶液时：

$$\frac{\Delta^2 E}{\Delta V^2} = \frac{\left(\frac{\Delta E}{\Delta V}\right)_{24.35\text{mL}} - \left(\frac{\Delta E}{\Delta V}\right)_{24.25\text{mL}}}{24.35-24.25} = \frac{830-390}{24.35-24.25} = 4400$$

（3）二次微商计算法　从表 2-5 中看出：

当滴定体积 V_i= 24.30mL 时，$(\Delta^2 E/\Delta V^2)_i = 4400$

V_{i+1}=24.40mL 时，$(\Delta^2 E/\Delta V^2)_{i+1} = -5900$

$$V_{终} = V_i + (V_{i+1} - V_i)\frac{0-(\Delta^2 E / \Delta V^2)_i}{(\Delta^2 E / \Delta V^2)_{i+1} - (\Delta^2 E / \Delta V^2)_i}$$

$$= 24.30 + (24.40 - 24.30) \times \frac{0-4400}{(-5900)-4400} = 24.34(\text{mL})$$

三、电位滴定法的类型及其电极的选择

1. 酸碱滴定

酸碱滴定中终点的确定是依据溶液 pH，可采用 pH 玻璃电极作为指示电极，甘汞电极作为参比电极。许多弱酸、弱碱、多元酸（碱）都可以用电位滴定法直接测定。

2. 氧化还原滴定

滴定过程中，氧化态和还原态的浓度比值发生变化，可采用惰性电极（如铂电极）作为指示电极，甘汞电极作为参比电极。氧化还原滴定都能用电位滴定法确定终点。

3. 配位滴定

根据不同配位反应采用不同指示电极。例如，①用 EDTA（乙二胺四乙酸）滴定某些变价离子，如 Cu^{2+}/Cu^{+}、Fe^{3+}/Fe^{2+}等，以铂电极作为指示电极，甘汞电极作为参比电极；②用 EDTA 滴定金属离子，在溶液中加入少量 Hg^{2+}-EDTA，用汞电极作为指示电极，以甘汞电极作为参比电极。

4. 沉淀滴定

在进行沉淀滴定时，应根据不同的沉淀反应，选择不同的指示电极。例如，用 $AgNO_3$ 标准溶液滴定卤素离子时，可以用 Ag 电极为指示电极，双盐桥饱和甘汞电极为参比电极。

四、电位滴定法的特点

电位滴定法是在用标准溶液滴定待测离子的过程中，用指示电极的电位变化代替指示剂的颜色变化指示滴定终点的到达，是把电位滴定与普通滴定分析相互结合起来的一种测定方法，它虽然没有指示剂确定终点那样方便，但电位滴定也有自身特点，具体内容如下。

① 准确度高。如酸碱滴定中，用指示剂确定终点时，一般要求化学计量点附近 pH 突跃范围大于 2 个 pH 单位；用电位滴定法确定终点时，化学计量点附近 pH 突跃范围大于 0.5 个 pH 单位即可。所以很多弱酸、弱碱和多元酸（碱）可以用电位滴定法测定。

② 可用于混浊溶液、有色溶液的滴定。

③ 可用于非水溶液的滴定。

④ 能用于连续、自动滴定，并且适用于微量分析。

【任务实施】

一、任务说明

1. 方法原理

测定水样的碱度，用玻璃电极为指示电极，甘汞电极为参比电极，用酸标准溶液滴定，其终点通过 pH 计或电位滴定仪指示。

以 pH=8.3 表示水样中氢氧化物被中和及碳酸盐转为碳酸氢盐时的终点，与酚酞指示剂刚刚褪色时的 pH 相当。以 pH=4.4～4.5 表示水中碳酸氢盐(包括原有碳酸氢盐和由碳酸盐转成的碳酸氢盐)被中和的终点，与甲基红-溴甲酚绿混合指示剂刚刚变为暗红色的 pH 相当。对于工业废水或含复杂组分的水，可以 pH=3.7 指示总碱度的滴定终点。

电位滴定法可以绘制成滴定时 pH 对酸标准滴定液用量的滴定曲线，然后计算相应组分的含量或直接滴定到指定的终点。

2. 干扰及消除

脂肪酸盐、油状物质、悬浮固体或沉淀物能覆盖于玻璃电极表面致使响应迟缓。但由于这些物质可能参与酸碱反应，因此不能用过滤的方法除去。为消除其干扰，可采用减慢滴定剂加入速度或延长滴定间歇时间，并充分搅拌至反应达到平衡后再增加滴定剂的办法。搅拌应采用磁力搅拌器或机械法，不能通气搅拌。

3. 方法的适用范围

电位滴定法可适用于饮用水、地表水、含盐水及生活污水和工业废水碱度的测定。

二、任务准备

1. 仪器

pH 计、电位滴定仪或离子活度计（能读至 0.05pH，最好有自动温度补偿装置），玻璃电极，甘汞电极，磁力搅拌器，50mL、25mL、10mL 滴定管，100mL、200mL、250mL 高型烧杯。

2. 试剂

① 无二氧化碳水。

② 0.02500mol/L 碳酸钠标准溶液（$1/2Na_2CO_3$）。

③ 0.0250mol/L 盐酸标准溶液。

三、工作过程

1. 盐酸标准溶液的标定

按使用说明书准备好仪器和电极，并用 pH 标准缓冲溶液进行校准。

用吸量管吸取 4.50mL 浓盐酸（ρ=1.19g/mL），并用蒸馏水稀释至 1000mL。此溶液浓度 0.05mol/L。

用移液管吸取 25.00mL 碳酸钠标准溶液置于 200mL 高型烧杯中，加入 75mL 无二氧化碳水，将烧杯放在电磁搅拌器上，插入电极连续搅拌，用盐酸标准溶液滴定。当滴定至 pH 为 4.4～4.5 时，记录所消耗盐酸标准溶液用量，并按下式计算其准确浓度：

$$c=\frac{2\times 0.02500\times 25.00}{V}$$

式中 c——盐酸标准溶液浓度，mol/L；

V——盐酸标准溶液用量，mL。

2. 滴定

① 分取 100.00mL 水样置于 200mL 高型烧杯中，用盐酸标准溶液滴定，滴定方法同盐酸

标准溶液的标定。当滴定到 pH=8.3 时，到达第一个终点，即酚酞指示的终点，记录盐酸标准溶液消耗量。

② 继续用盐酸标准溶液滴定至 pH 达 4.4～4.5 时，到达第二个终点，即甲基红-溴甲酚绿混合指示剂指示的终点，记录盐酸标准溶液用量。

四、数据记录与处理

对于多数天然水样，碱性化合物在水中所产生的碱度，有五种情形。为了说明方便，令以酚酞作指示剂时，滴定至颜色变化所消耗盐酸标准溶液的量为 P（mL），以甲基红-溴甲酚绿作指示剂时盐酸标准溶液用量为 M（mL），则盐酸标准溶液总消耗量为 $T=M+P$。

第一种情形，$P=T$，$M=0$ 时：

P 代表全部氢氧化物及碳酸盐的一半，由于 $M=0$，表示不含有碳酸盐，亦不含碳酸氢盐。因此，$P=T=$氢氧化物的含量。

第二种情形，$P>T/2$ 时：

说明 $M>0$，有碳酸盐存在，且碳酸盐的含量$=2M=2(T-P)$。而且由于 $P>M$，说明尚有氢氧化物存在，氢氧化物含量$=T-2(T-P)=2P-T$。

第三情形，$P=T/2$，即 $P=M$ 时：

M 代表碳酸盐的一半，说明仅有碳酸盐。碳酸盐的含量$=2P=2M=T$。

第四种情形，$P<T/2$ 时：

此时，$M>P$，因此 M 除包括由碳酸盐生成的碳酸氢盐外，还包括水中原有的碳酸氢盐。碳酸盐的含量$=2P$，碳酸氢盐$=T-2P$。

第五种情形，$P=0$ 时：

此时，水中只有碳酸氢盐存在。碳酸氢盐的含量$=T=M$。

以上五种情形的碱度，示于下表中。

按下述公式计算各种情况下总碱度、碳酸盐、碳酸氢盐的含量。

$$\text{总碱度（以 CaO 计，mg/L）}=\frac{28.04c(P+M)}{V}\times 1000$$

$$\text{总碱度（以 }CaCO_3\text{ 计，mg/L）}=\frac{50.05c(P+M)}{V}\times 1000$$

式中　c——盐酸标准溶液浓度，mol/L；

28.04——氧化钙（$1/2CaO$）摩尔质量，g/mol；

50.05——碳酸钙（$1/2CaCO_3$）摩尔质量，g/mol。

水样碱度的组成

滴定的结果	氢氧化物(OH^-)	碳酸盐 (CO_3^{2-})	碳酸氢盐 (HCO_3^-)
$P=T$	P	0	0
$P>1/2T$	$2P-T$	$2T-P$	0
$P=1/2T$	0	$2P$	0
$P<1/2T$	0	$2P$	$T-2P$
$P=0$	0	0	T

① 当 $P=T$ 时，$M=0$。

碳酸盐（CO_3^{2-}）碱度=0

碳酸氢盐（HCO_3^-）碱度=0

② 当 $P>T/2$ 时：

碳酸盐碱度（以 CaO 计，mg/L）$=\dfrac{28.04c(T-P)}{V}\times1000$

碳酸盐碱度（以 $CaCO_3$ 计，mg/L）$=\dfrac{50.05c(T-P)}{V}\times1000$

碳酸盐碱度（以 1/2 CO_3^{2-} 计，mg/L）$=\dfrac{c(T-P)}{V}\times1000$

碳酸氢盐（HCO_3^-）碱度=0

③ 当 $P=T/2$ 时，$P=M$：

碳酸盐碱度（以 CaO 计，mg/L）$=\dfrac{28.04cP}{V}\times1000$

碳酸盐碱度（以 $CaCO_3$ 计，mg/L）$=\dfrac{50.05cP}{V}\times1000$

碳酸盐碱度（以 1/2 CO_3^{2-} 计，mg/L）$=\dfrac{cP}{V}\times1000$

碳酸氢盐（HCO_3^-）碱度=0

④ 当 $P<T/2$ 时：

碳酸盐碱度（以 CaO 计，mg/L）$=\dfrac{28.04cP}{V}\times1000$

碳酸盐碱度（以 $CaCO_3$ 计，mg/L）$=\dfrac{50.05cP}{V}\times1000$

碳酸盐碱度（以 1/2 CO_3^{2-} 计，mg/L）$=\dfrac{cP}{V}\times1000$

碳酸氢盐碱度（以 CaO 计，mg/L）$=\dfrac{28.04c(T-2P)}{V}\times1000$

碳酸氢盐碱度（以 $CaCO_3$ 计，mg/L）$=\dfrac{50.05c(T-2P)}{V}\times1000$

碳酸氢盐碱度（以 HCO_3^- 计，mol/L）$=\dfrac{c(T-2P)}{V}\times1000$

⑤ 当 $P=0$ 时：

碳酸盐（CO_3^{2-}）碱度=0

碳酸氢盐碱度（以 CaO 计，mg/L）$=\dfrac{28.04cM}{V}\times1000$

碳酸氢盐碱度（以 $CaCO_3$ 计，mg/L）$=\dfrac{50.05cM}{V}\times1000$

碳酸氢盐碱度（以 HCO_3^- 计，mol/L）$=\dfrac{cM}{V}\times1000$

五、精密度和准确度

五个实验室对人工配制的统一标样进行方法验证的结果为：在HCO_3^-含量为43.50mg/L时，总碱度的实验室内相对标准偏差为1.0%；实验室间相对标准偏差为1.29%；相对误差为0.93%；加标回收率为100.5%±9.75%。

六、注意事项

① 对于低碱度的水样，可用10mL微量滴定管，以提高测定精度。对于高碱度的水样，可改用0.05mol/L盐酸标准溶液，当用量超过25mL时，可改用0.1000mol/L盐酸标准溶液滴定。

② 对于复杂水样，可制成盐酸标准液滴定用量对pH的滴定曲线。有时可能在曲线上看不出明显的突跃点，这可能是由于盐类水解反应较慢，不易达到电极反应平衡所致。不同组分的反应速度各异，为此，应放慢滴定速度，采用较长的时间间隔，以便达到平衡时突跃点明显可辨。

【巩固提高】

1. 电位滴定确定终点的方法有哪些？
2. 与化学分析的滴定法相比，电位滴定法有何特点？

矢志科研创新，铸就辉煌成果——董绍俊

董绍俊，著名分析化学家，长期从事电分析化学研究，特别在化学修饰电极、光谱电化学、生物电化学和超微电极等领域作出了重要贡献，率先在我国开展化学修饰电极研究，开拓了多种体系的电极表面修饰和自组装并首先在国内发展光透光谱电化学的现场方法研究，建立了分析光谱电化学法的理论和技术。她在生物电化学中深入探讨生物大分子的电子直接转移机制，成功研制了以修饰电极为基础的生物传感器，实现了在纯有机相中的生物检测。

20世纪50~60年代，董绍俊在极谱分析研究中建立了硅中痕量杂质测定和极谱电极过程的鉴别方法，深入开展了稀土络合物的电极过程研究。初战告捷，她深深感受到科学探索的快乐，但并没有为此放慢科研的步伐，依然极深研几，孜孜以求。60年代中期至70年代，她先后对稀土元素汞阴极电解、变价稀土元素、稀土固体化学等一系列国内外非常热门的话题大胆地进行开拓研究。

董绍俊经常教导青年人要耐得住枯燥寂寞，要顶得住外界的种种干扰，不为名利引诱而动摇，成功时不停步，失败时不气馁。

项目三　金属离子的含量测定

任务1　配位滴定法测定金属离子含量

子任务1　配制和标定 EDTA 标准溶液

【任务目标】

知识目标

1. 熟悉 EDTA 及其与金属离子形成配合物的性质和特点。
2. 理解配位滴定原理及金属指示剂作用原理。
3. 熟悉铬黑 T、钙指示剂及二甲酚橙指示剂的使用条件及终点颜色变化。

能力目标

1. 掌握 EDTA 标准溶液的配制及标定。
2. 能按标准检测要求规范完成操作规程，能按照要求准确填写 EDTA 标准溶液配制及标定的原始记录表。
3. 能分析检验误差产生的原因，并能正确修正。

素质目标

1. 培养学生团队合作精神。
2. 培养学生树立崇高的职业道德。
3. 树立辩证唯物主义世界观，帮助学生养成务实、严谨、求真的科学态度。

【知识储备】

一、配位滴定法概述

1. 配位滴定法的测定原理

利用生成配合物的反应进行滴定分析的方法，称为配位滴定法。配位滴定法的测定原理是配位反应，能够进行配位滴定的配位反应必须具备下列条件：

① 形成的配位化合物要相当稳定，以保证反应完全。

② 配位反应应严格按照一定的反应式定量进行。

③ 配位反应速率快。

④ 要有适当的方法确定滴定终点。

2. 配位滴定被测离子

直接或间接测定金属离子（M^{n+}）的含量。

3. 配位滴定指示剂

配位滴定常用金属指示剂指示终点。

4. 配位滴定标准溶液

配位滴定标准溶液为配位剂。

广泛用作配位剂的是含有—$N(CH_2COOH)_2$ 基团的有机化合物，称为氨羧配位剂。其分子中含有氨氮 $\diagup\overset{\ddot{N}}{|}\diagdown$ 和羧氧 $—\overset{O}{\overset{||}{C}}—\ddot{O}—$ 两种配位能力很强的配位原子，能与许多金属离子配位形成环状的配合物（又称螯合物）。

在配位滴定中最常用的氨羧配位剂主要有以下几种：EDTA（乙二胺四乙酸）；CyDTA（或DCTA，环已烷二胺基四乙酸）；EDTP（四羟丙基乙二胺）；TTHA（三乙基四胺六乙酸）。其中，EDTA 是目前应用最广的一种氨羧配位剂，用 EDTA 标准溶液可以滴定几十种金属离子，故称为 EDTA 滴定法。通常所谓的配位滴定法，主要是指 EDTA 滴定法。

二、EDTA 及其配合物的特点

1. EDTA

乙二胺四乙酸的结构简式为：

$$\begin{matrix} HOOCCH_2 \diagdown & & & & \diagup CH_2COOH \\ & N—CH_2—CH_2—N & & & \\ HOOCCH_2 \diagup & & & & \diagdown CH_2COOH \end{matrix}$$

乙二胺四乙酸为四元弱酸，简称为 EDTA，也常用 H_4Y 表示。在强酸溶液中，EDTA 与溶液中的 H^+结合形成六元弱酸 H_6Y^{2+}。乙二胺四乙酸为白色无水结晶粉末，室温时溶解度较小（22℃时溶解度为 0.02g/100mLH_2O），难溶于酸和有机溶剂，易溶于碱生成相应的盐。由于乙二胺四乙酸溶解度小，因而不适用于配制标准溶液。

二水合乙二胺四乙酸二钠（$Na_2H_2Y \cdot 2H_2O$），仍习惯简称为 EDTA，其摩尔质量为372.2g/mol，为白色结晶粉末，在水中的溶解度较大，22℃时，每 100mL 水中能溶解 11.1g，此溶液的浓度约为 0.3mol/L，$Na_2H_2Y \cdot 2H_2O$ 在溶液中的主要存在形式是 H_2Y^{2-}，所以溶液的 pH 接近于 $\frac{1}{2}(pK_{a_4}+pK_{a_5})=4.42$ 。因此，在配位滴定时，通常用二水合乙二胺四乙酸二钠来配制标准溶液。

EDTA 在其水溶液中，能以 H_6Y^{2+}、H_5Y^+、H_4Y、H_3Y^-、H_2Y^{2-}、HY^{3-} 和 Y^{4-}（为书写简便，常略去电荷）等七种形式存在。在 pH<1 的强酸溶液中，EDTA 主要是以 H_6Y^{2+} 形式存在；在 pH 为 2.75～6.24 时，主要以 H_2Y^{2-} 形式存在；pH>10.34 时，主要是以 Y^{4-} 形式

存在。在七种形式中，只有Y^{4-}能与金属离子直接配合形成稳定的配合物，因此将Y^{4-}的浓度称为EDTA的有效浓度。溶液的酸度越低，Y^{4-}的浓度就越大，EDTA的配合能力越强，与金属离子形成的配合物也越稳定。但是，过高的pH会引起金属离子的水解而降低与EDTA的配合能力，所以，不同的金属离子用EDTA滴定时，pH都有一定范围的限制，超过这个范围，不论是高还是低，都不适于进行滴定；使用不同指示剂指示滴定终点时，所需溶液的pH也有所不同。

2. EDTA与金属离子形成的配合物的特点

① 普遍性。EDTA能与绝大多数的金属离子形成配合物。

② 稳定性。EDTA有6个配位原子，能与金属离子形成具有多个五元环结构的螯合物，稳定性较高。

③ 组成一定。EDTA与金属离子形成的配合物的配位比一般为1∶1，使分析结果的计算简单化。少数金属离子与EDTA配合时，不是形成1∶1配合物，如Mo（V）与EDTA形成的配合物$[(MoO_2)_2Y^{2-}]$的配位比为2∶1。

④ 易溶于水。EDTA与金属离子形成的配合物易溶于水，使配位反应较迅速。

⑤ 无色金属离子与EDTA形成无色配合物，有色金属离子与EDTA形成颜色更深的螯合物。例如：

CuY^{2-}	NiY^{2-}	CoY^{2-}	MnY^{2-}	CrY^{-}	FeY^{-}
深蓝	蓝色	紫红	紫红	深紫	黄

三、金属指示剂

配位滴定指示终点的方法很多，其中最常用的是使用金属离子指示剂（简称金属指示剂）指示终点。我们知道，酸碱指示剂是以指示溶液中H^+浓度的变化确定终点，而金属指示剂则是以指示溶液中金属离子浓度的变化确定终点。

1. 金属指示剂的作用原理

金属指示剂是一种有机染料，也是一种配位剂，能与某些金属离子反应，生成与其本身颜色显著不同的配合物以指示终点。

在滴定前加入金属指示剂（用In表示金属指示剂的配位基团），则In与待测金属离子M有如下反应（省略电荷）：

$$\underset{\text{甲色}}{M+In} \rightleftharpoons \underset{\text{乙色}}{MIn}$$

滴定前，溶液呈MIn的颜色（乙色）。当滴入EDTA溶液后，Y先与游离的M结合，至化学计量点附近，Y夺取MIn中的M

$$MIn+Y \rightleftharpoons MY+In$$

使指示剂的配位基团In游离出来，溶液由乙色变为甲色，指示滴定终点的到达。

例如，铬黑T在pH=10的水溶液中呈蓝色，与Mg^{2+}的配合物的颜色为酒红色。若在pH=10时用EDTA滴定Mg^{2+}，滴定开始前加入指示剂铬黑T，则铬黑T与溶液中部分的Mg^{2+}反应，此时溶液呈Mg^{2+}-铬黑T的红色。随着EDTA的加入，EDTA逐渐与Mg^{2+}反应，在化学计量点附近，Mg^{2+}的浓度降至很低，加入的EDTA进而夺取了Mg^{2+}-铬黑T中的Mg^{2+}，使铬黑T

游离出来，此时溶液呈现出蓝色，指示滴定终点的到达。

2. 金属指示剂应具备的条件

金属指示剂需要具备以下条件：

① 金属指示剂与金属离子形成的配合物的颜色，应与金属指示剂本身的颜色有明显的不同，这样才能借助颜色的明显变化来判断终点的到达。

② 金属指示剂与金属离子形成的配合物 MIn 要有适当的稳定性。如果 MIn 稳定性过高（K_{MIn} 太大），则在化学计量点附近，Y 不易与 MIn 中的 M 结合，终点推迟，甚至不变色，得不到终点。通常要求 $K_{MY}/K_{MIn} \geqslant 10^2$。如果稳定性过低，则未到达化学计量点时 MIn 就会分解，使终点提前出现，变色也不敏锐，影响滴定的准确度。一般要求 $K_{MIn} \geqslant 10^4$。

③ 金属指示剂与金属离子之间的反应要灵敏、迅速，变色要具有良好的可逆性，这样才便于滴定。

④ 金属指示剂应具有一定的选择性，即在一定的条件下，只对某一种（或某几种）离子反应生成易溶于水的有色配合物。

3. 金属指示剂的理论变色点（pM_t）

如果金属指示剂与待测金属离子形成 1∶1 有色配合物，其配位反应为：

$$M + In \rightleftharpoons MIn$$

考虑指示剂的酸效应，则

$$K'_{MIn} = \frac{[MIn]}{[M][In']} \tag{3-1}$$

$$\lg K'_{MIn} = pM + \lg\frac{[MIn]}{[In']} \tag{3-2}$$

与酸碱指示剂类似，当[MIn]=[In′]时，溶液呈现 MIn 与 In 的混合色。此时 pM 即为金属指示剂的理论变色点 pM_t。即指示剂变色点的 pM 等于其配合物的 $\lg K'_{MIn}$。化学计量点附近的 pM 突跃范围为 $\lg K'_{MIn} - 1 \leqslant pM \leqslant \lg K'_{MIn} + 1$。

配合物的绝对形成常数 K_{MIn}（又称稳定常数）不因浓度、酸度等外界条件的改变而发生变化。

金属指示剂一般为有机弱酸，它与金属离子形成的配合物的表观形成常数 K'_{MIn} 随溶液酸度（pH）的变化而变化，不可能像酸碱指示剂那样有一个确定的变色点。因此，在选择指示剂时，必须考虑体系的酸度，使指示剂变色点的 pM（pM_t）与化学计量点的 pM（pM_{sp}）一致，或在化学计量点附近的 pM 突跃范围内，使变色点 pM_t 尽量靠近滴定的化学计量点 pM_{sp}。实际工作中，大多采用实验的方法来选择合适的指示剂，即先试验其终点颜色变化的敏锐程度，然后检查滴定结果是否准确，这样就可以确定指示剂是否符合要求。

4. 常用金属指示剂

（1）铬黑 T　铬黑 T 属于 *O,O′*–二羟基偶氮类染料，简称 EBT 或 BT，铬黑 T 在溶液中有如下平衡：

$$\underset{\substack{pH<6.3 \\ \text{紫红色}}}{H_2In^-} \rightleftharpoons \underset{\substack{pH=7\sim11 \\ \text{蓝色}}}{HIn^{2-}} \rightleftharpoons \underset{\substack{pH>11.6 \\ \text{橙色}}}{In^{3-}}$$

$$pK_{a_2}=6.3 \qquad pK_{a_3}=11.6$$

EBT 与二价金属离子形成的配合物颜色为红色或紫红色，所以只有在 pH 为 7～11 范围内使用，指示剂才有明显的颜色变化，实验表明最适宜的酸度是 pH 为 9～10.5。

铬黑 T 固体性质稳定，但其水溶液仅能保存几天（这是由于聚合反应的缘故。聚合后的铬黑 T 不能再与金属离子显色。pH<6.5 的溶液中聚合更为严重，加入三乙醇胺可以防止聚合），因此，常将铬黑 T 与干燥的 NaCl 等中性盐按质量比 1：100（或 1：200）混合使用。也可配成三乙醇胺溶液使用。铬黑 T 是在弱碱性溶液中滴定 Mg^{2+}、Zn^{2+}、Pb^{2+}等离子的常用指示剂。

（2）二甲酚橙　二甲酚橙（XO）为三苯甲烷类显色剂，pH<6.3 时呈黄色，pH>6.3 时呈红色，它与金属离子形成的配合物为红紫色。因此，它只能在 pH<6.3 的酸性溶液中使用。通常配成 0.5%水溶液，可保存 2～3 周。

铝、镍、钴、铜、镓等的离子会封闭二甲酚橙，可采用返滴定法。即在 pH 5.0～5.5（六次甲基四胺缓冲溶液）时，加入过量 EDTA 标准溶液，再用锌或铅标准溶液返滴定。Fe^{3+}在 pH 为 2～3 时，以硝酸铋返滴定法测定。

（3）PAN　PAN 化学名称为 1-(2-吡啶基偶氮)-2-萘酚，PAN 与 Cu^{2+}的显色反应非常灵敏，但很多其他金属离子如 Ni^{2+}、Co^{2+}、Zn^{2+}、Pb^{2+}、Bi^{3+}、Ca^{2+}等与 PAN 反应慢或显色灵敏度低。所以有时利用 Cu-PAN 作间接指示剂来测定这些金属离子。Cu-PAN 指示剂是 CuY^{2-}和少量 PAN 的混合液。将此混合液加到含有被测金属离子 M 的试液中时，发生如下置换反应：

$$\underset{（黄）}{\text{CuY+PAN}}\text{+M} \rightleftharpoons \text{MY+}\underset{（紫红）}{\text{Cu-PAN}}$$

此时溶液呈现紫红色。当加入的 EDTA 与 M 定量反应后，在化学计量点附近 EDTA 将夺取 Cu-PAN 中的 Cu^{2+}，从而使 PAN 游离出来：

$$\underset{（紫红）}{\text{Cu-PAN}}\text{+Y} \rightleftharpoons \text{CuY+}\underset{（黄）}{\text{PAN}}$$

溶液由紫红变为黄色，指示终点到达。因滴定前加入的 CuY 与最后生成的 CuY 是相等的，故加入的 CuY 并不影响测定结果。

在几种离子的连续滴定中，若分别使用几种指示剂，往往发生颜色干扰。由于 Cu-PAN 可在很宽的 pH 范围（pH 为 1.9～12.2）内使用，因而可以在同一溶液中连续指示终点。

类似 Cu-PAN 这样的间接指示剂，还有 Mg-EBT 等。

（4）其他指示剂　除前面所介绍的指示剂外，还有磺基水杨酸、钙指示剂（NN）等常用指示剂。磺基水杨酸（无色）在 pH=2 时，与 Fe^{3+}形成紫红色配合物，因此可用作滴定 Fe^{3+}的指示剂。钙指示剂（蓝色）在 pH =12～13 时，与 Ca^{2+}形成酒红色配合物，因此可用作滴定 Ca^{2+}的指示剂。

常用金属指示剂的使用 pH 条件、可直接滴定的金属离子和颜色变化及配制方法列于表 3-1 中。

（5）使用金属指示剂时存在的问题

① 指示剂的封闭现象。有的指示剂与某些金属离子生成很稳定的配合物（MIn），其稳定性超过了相应的金属离子与 EDTA 的配合物（MY），即 $\lg K_{MIn}>\lg K_{MY}$。例如 EBT 与 Al^{3+}、Fe^{3+}、Cu^{2+}、Ni^{2+}、Co^{2+}等生成的配合物非常稳定，若用 EDTA 滴定这些离子，过量较多的 EDTA

也无法将 EBT 从 MIn 中置换出来。因此滴定这些离子不可用 EBT 作指示剂。如滴定 Mg^{2+}时有少量 Al^{3+}、Fe^{3+}杂质存在，到化学计量点仍不能变色。以上现象称为指示剂的封闭现象。解决的办法是加入掩蔽剂，使干扰离子生成更稳定的配合物，从而不再与指示剂作用。Al^{3+}、Fe^{3+}对铬黑 T 的封闭可加三乙醇胺予以消除；Fe^{3+}也可先用抗坏血酸还原为 Fe^{2+}，再加 KCN 掩蔽；Cu^{2+}、Co^{2+}、Ni^{2+}可用 KCN 掩蔽；若干扰离子的量太大，则需预先分离除去。

表 3-1　常用的金属指示剂

金属指示剂	电离常数	滴定金属离子	颜色变化	配制方法	对指示剂封闭离子
酸性铬蓝 K	$pK_{a_1}=6.7$ $pK_{a_2}=10.2$ $pK_{a_3}=14.6$	Mg^{2+}（pH=10） Ca^{2+}（pH=12）	红—蓝	0.1%乙醇溶液	
钙指示剂	$pK_{a_2}=3.8$ $pK_{a_3}=9.4$ $pK_{a_4}=13\sim14$	Ca^{2+}（pH=12～13）	酒红—蓝	与 NaCl 按 1：100 的质量比混合	Co^{2+}、Ni^{2+}、Cu^{2+}、Fe^{3+}、Al^{3+}、Ti^{4+}
铬黑 T	$pK_{a_1}=3.9$ $pK_{a_2}=6.4$ $pK_{a_3}=11.5$	Ca^{2+}（pH=10，加 EDTA-Mg） Mg^{2+}（pH=10） Pb^{2+}（pH=10，加入酒石酸钾） Zn^{2+}（pH=6.8～10）	红—蓝 红—蓝 红—蓝 红—蓝	与 NaCl 按 1：100 的质量比混合	Co^{2+}、Ni^{2+}、Cu^{2+}、Fe^{3+}、Al^{3+}、Ti^{4+}
紫脲酸胺	$pK_{a_1}=1.6$ $pK_{a_2}=8.7$ $pK_{a_3}=10.3$ $pK_{a_4}=13.5$ $pK_{a_5}=14$	Ca^{2+}（pH>10，$\varphi=25\%$ 乙醇） Cu^{2+}（pH=7～8） Ni^{2+}（pH=8.5～11.5）	红—紫 黄—紫 黄—紫红	与 NaCl 按 1：100 的质量比混合	
o-PAN	$pK_{a_1}=1.9$ $pK_{a_2}=12.2$	Cu^{2+}（pH=6） Zn^{2+}（pH=5～7）	红—黄 粉红—黄	1g/L 乙醇溶液	
磺基水杨酸	$pK_{a_1}=2.6$ $pK_{a_2}=11.7$	Fe^{3+}（pH=1.5～3）	红紫—黄	10～20g/L 水溶液	

② 指示剂的僵化现象。有些金属指示剂或金属指示剂形成的配合物在水中的溶解度太小，使得滴定剂与金属-指示剂配合物（MIn）交换缓慢，终点拖长，这种现象称为指示剂僵化。解决的办法是加入有机溶剂或加热，以增大其溶解度。例如用 PAN 作指示剂时，经常加入酒精或在加热下滴定。

③ 指示剂的氧化变质现象。金属指示剂大多为含双键的有色化合物，易被日光、氧化剂、空气所分解，在水溶液中多不稳定，日久会变质。若配成固体混合物则较稳定，保存时间较长。例如铬黑 T 和钙指示剂，常用固体 NaCl 或 KCl 作稀释剂来配制。

四、配制 EDTA 标准溶液

（1）配制方法　乙二胺四乙酸难溶于水，实际工作中，通常用二水合乙二胺四乙酸二钠（$Na_2H_2Y \cdot 2H_2O$）配制标准溶液。其经提纯后可作基准物质，直接配制标准溶液，但提纯方法较复杂。配制溶液时，蒸馏水的质量不高也会引入杂质，因此实验室中使用的 EDTA 标准溶液一般采用间接法配制。

常用的 EDTA 标准溶液的浓度为 0.01～0.05mol/L。称取一定质量（按所需 EDTA 浓度和溶液体积计算）的 $Na_2H_2Y \cdot 2H_2O$[$M(Na_2H_2Y \cdot 2H_2O)$=372.2g/mol]，用适量蒸馏水溶解（必要时可加热），溶解后稀释至所需体积，并充分混匀，转移至试剂瓶中待标定。

在配位滴定中，所用的蒸馏水应不含 Fe^{3+}、Al^{3+}、Cu^{2+}等杂质离子，否则，会使指示剂封闭，影响终点观察。若含 Ca^{2+}、Mg^{2+}、Pb^{2+}等，滴定中会消耗一定量的 EDTA，而影响结果。因此，在配位滴定中，常用二次蒸馏水或去离子水来配制溶液，所用的蒸馏水一定要进行质量检查。

（2）EDTA 溶液的贮存　配制好的 EDTA 溶液应贮存在聚乙烯塑料瓶或硬质玻璃瓶中，若贮存在软质玻璃瓶中，EDTA 会不断溶解玻璃中的 Ca^{2+}、Mg^{2+}等形成配合物，使其浓度不断降低。

EDTA 溶液的标定

五、标定 EDTA 标准溶液

用于标定 EDTA 溶液的基准试剂很多，常用的基准试剂如表 3-2 所示。

表 3-2　标定 EDTA 的常用基准试剂

基准试剂	基准试剂处理	滴定条件		终点颜色变化
		pH	指示剂	
铜片	稀 HNO_3 溶解，除去氧化膜，用水或无水乙醇洗涤，在 105℃烘箱中烘 3min，冷却后称量，以 HNO_3（1+1）溶解，再以 H_2SO_4 蒸发除去 NO_2	4.3 （$HAc-Ac^-$缓冲溶液）	PAN	红—黄
铅	稀 HNO_3 溶解，除去氧化膜，用水或无水乙醇充分洗涤。在 105℃烘箱中烘 3min，冷却后称量，以 HNO_3（1+2）溶解，加热除去 NO_2	10 （$NH_3-NH_4^+$缓冲溶液）	铬黑 T	红—蓝
		5～6 （六次甲基四胺）	二甲酚橙	红—黄
锌片	用 HCl（1+5）溶解，除去氧化膜，用水或无水乙醇充分洗涤，在 105℃烘箱中烘 3min，冷却后称量，以 HCl（1+1）溶解	10 （$NH_3-NH_4^+$缓冲溶液）	铬黑 T	红—蓝
		5～6 （六次甲基四胺）	二甲酚橙	红—黄
MgO	在 1000℃灼烧后，以 HCl（1+1）溶解	10 （$NH_3-NH_4^+$ 缓冲溶液）	铬黑 T、K-B	红—蓝

纯金属如 Bi、Cd、Cu、Zn、Mg、Ni、Pb 等，要求纯度在 99.99%以上。金属表面如有一层氧化膜，应先用酸洗去，再用水或乙醇洗涤，并在 105℃烘干数分钟后冷却至常温再称量。金属氧化物或其盐类如 Bi_2O_3、$CaCO_3$、MgO、$MgSO_4 \cdot 7H_2O$、ZnO、$ZnSO_4$ 等试剂，在使用前应预先处理。

标定 EDTA 标准溶液，实验室中常用金属锌或氧化锌为基准物质，由于它们的摩尔质量不大，标定时通常采用“称大样”法，即先准确称取基准物质，溶解后定量转移至一定体积的容量瓶中稀释定容，摇匀，然后再移取一定量溶液标定。

（1）标定的条件　为了使测定结果具有较高的准确度，标定的条件与测定的条件应尽可能相同。在可能的情况下，最好选用被测元素的纯金属或化合物为基准物质。这是因为不同的金属离子与 EDTA 反应完全的程度不同、允许的酸度不同，因而对结果的影响也不同。如 Al^{3+}与 EDTA 的反应，在过量 EDTA 存在下，控制酸度并加热，配位率也只能达到 99%左右，因此要准确测定 Al^{3+}含量，最好采用纯铝或含铝标样标定 EDTA 溶液，使误差抵消。又如，由实验用水引入的杂质在不同条件下有不同影响。如 Ca^{2+}、Pb^{2+}，在碱性溶液中两者均会与 EDTA 配位；在酸性溶液中则只有 Pb^{2+}与 EDTA 配位；在强酸溶液中，则两者均不与 EDTA 配位。因此，若在相同酸度下标定和测定，这种影响就可以被抵消。

（2）标定方法　在 pH=4～12，Zn^{2+}均能与 EDTA 定量配位，常采用的方法有：

① 在 pH=10 的 NH_3-NH_4Cl 缓冲溶液中以铬黑 T 为指示剂，直接标定。

② 在 pH=5 的六次甲基四胺缓冲溶液中以二甲酚橙为指示剂，直接标定。

【任务实施】

一、任务准备

1. 仪器

分析天平（精度 0.1mg），托盘天平，烧杯，25mL 酸式滴定管，玻璃棒，胶头滴管，100mL、20mL 量筒，250mL 容量瓶，称量瓶，试剂瓶，25mL 移液管，250mL 锥形瓶等。

2. 试剂

① 二水合乙二胺四乙酸二钠盐（分析纯）。

② ZnO（基准试剂）（于 800℃灼烧至恒重）。

③ HCl 溶液（1+4）。

④ 10%氨水溶液。量取 400mL 氨水（分析纯），稀释至 1000mL。

⑤ NH_3-NH_4Cl 缓冲溶液（pH≈10）。称取 54.0g NH_4Cl，溶于 200mL 水中，加 350mL 氨水，用水稀释至 1000mL，摇匀。

⑥ 铬黑 T（5g/L）。称取 0.5g 铬黑 T 和 2.0g 盐酸羟胺，溶于乙醇，用乙醇稀释至 100mL，摇匀（使用前新配）。

二、工作过程

1. 0.05mol/L EDTA 溶液的配制

在托盘天平上称取 $Na_2H_2Y \cdot 2H_2O$ 4.75g 置于烧杯中，加约 100mL 温水溶解后，用水稀释至 250mL。如混浊，应过滤，转移至细口瓶中，摇匀，贴上标签，注明试剂名称、配制日期、配制人。

2. 0.05mol/L EDTA 标准溶液的标定

在电子天平上用差减法准确称取 0.75～0.90g 基准试剂 ZnO 于烧杯中，用少量水润湿，加入 10mL HCl 溶液（1+4）溶解后（若不溶解可再加 1mL，要使 ZnO 完全溶解），定量转移至 250mL 容量瓶中，用水稀释至刻度，摇匀。移取 25.00mL 上述溶液于 250mL 锥形瓶中（不得从容量瓶中直接移取溶液），用 10%氨水溶液调至溶液 pH 至 7～8（现象：有白色沉淀生成），加 10mL NH_3-NH_4Cl 缓冲溶液（pH≈10），加水稀释（约加 100mL），加 3～5 滴铬黑 T 指示剂（5g/L），用待标定的 EDTA 溶液滴定至溶液由紫红色变为纯蓝色（注意：近终点为蓝紫色，此时离终点相差半滴或不足半滴，滴过量则呈现蓝绿色）。平行测定三次，同时做空白试验。

空白试验：量取 100.00mL 纯水于 250mL 锥形瓶中，加 10mL NH_3-NH_4Cl 缓冲溶液（pH≈10）及 3～5 滴铬黑 T（5g/L），用待标定的 EDTA 溶液滴定至溶液由紫红色变为蓝色（若滴定前已呈蓝色，则无须滴定，此时，V_0=0.00mL）。

3. 数据记录与处理

计算 EDTA 标准滴定溶液的浓度 $c(\mathrm{EDTA})$。

注：

计算公式
$$c(\mathrm{EDTA})=\frac{m\times\dfrac{25.00}{250.0}\times 1000}{(V-V_0)M(\mathrm{ZnO})}$$

式中 $c(\mathrm{EDTA})$——EDTA 标准滴定溶液的准确浓度，mol/L；

V_0——空白试验消耗 EDTA 滴定溶液体积（空白值），mL；

V——标定 EDTA 滴定溶液实际消耗 EDTA 滴定溶液体积，mL；

m——基准试剂 ZnO 的质量，g。

$M(\mathrm{ZnO})$——基准试剂 ZnO 的摩尔质量，81.39g/mol。

0.05mol/L EDTA 标准溶液标定

项目		1	2	3
称量基准物	m(倾样前)/g			
	m(倾样后)/g			
	m(ZnO)/g			
配制 ZnO 溶液的体积/mL				
移取 ZnO 溶液的体积/mL				
滴定剂初读数/mL				
滴定剂终读数/mL				
滴定消耗 EDTA 体积/mL				
体积校正值/mL				
溶液温度/℃				
温度补正值				
溶液温度校正值/mL				
实际消耗 EDTA 体积/mL				
V_0(空白值)/mL				
c(EDTA)/(mol/L)				
$\overline{c}$(EDTA)/(mol/L)				
平行测定的相对极差/%				

【巩固提高】

1. 为什么通常使用乙二胺四乙酸二钠盐配制 EDTA 标准溶液，而不用乙二胺四乙酸？

2. 铬黑 T 指示剂适用的 pH 范围是多少？

子任务 2　测定硫酸镍试样中镍含量

【任务目标】

知识目标

1. 理解配位滴定法的测定原理。
2. 掌握 EDTA 法测定硫酸镍试样中镍含量的方法。
3. 熟悉紫脲酸铵指示剂的使用条件及其终点颜色变化。

能力目标

1. 通过 EDTA 法测定硫酸镍试样中镍含量，培养学生发现问题、分析问题、解决问题的能力。
2. 能按标准检测要求规范完成操作规程，能按照要求正确进行实验数据的处理。
3. 能分析检验误差产生的原因，并能正确修正。

素质目标

1. 培养学生团队合作精神。
2. 培养学生树立崇高的职业道德。
3. 树立辩证唯物主义世界观，帮助学生养成务实、严谨、求真的科学态度。

【知识储备】

EDTA 法测定硫酸镍试样中镍含量

配位滴定法是以配位反应为基础的滴定分析方法，其测定原理是金属离子与配位剂之间的配位反应。在配位滴定中常用的配位剂是乙二胺四乙酸二钠，缩写为 EDTA，表示为 Na_2H_2Y。EDTA 标准溶液一般用 $Na_2H_2Y \cdot 2H_2O$ 配制。

在 NH_3-NH_4Cl 缓冲溶液中，镍离子与 EDTA 发生配位反应生成稳定的配合物，且配位比为 1∶1。因此，可以紫脲酸铵为指示剂，用 EDTA 标准溶液滴定至溶液呈蓝紫色，然后根据 EDTA 标准溶液的浓度、滴定消耗的体积以及硫酸镍试样的质量，即可计算出硫酸镍试样中镍的含量。反应式为:

$$Ni^{2+} + H_2Y^{2-} \rightleftharpoons NiY^{2-} + 2H^+$$

【任务实施】

镍含量的测定

一、任务准备

1. 仪器

分析天平（精度 0.1mg），50mL 酸式滴定管，100mL、10mL 量筒，点滴瓶，称量纸，25mL 移液管，250mL 锥形瓶等。

2. 试剂

① 0.05000mol/L EDTA 标准溶液。

② 紫脲酸铵为指示剂。称取 1g 紫脲酸铵及 200g 干燥的氯化钠，混匀，研细。

③ NH_3-NH_4Cl 缓冲溶液（pH≈10）。称取 54.0g NH_4Cl，溶于 200mL 水中，加 350mL 氨水，用水稀释至 1000mL，摇匀。

④ 硫酸镍液体试样。100～500mg/L 或 30～60g/kg。

二、工作过程

称取硫酸镍液体样品 1.4g（差减法，不得用去皮的方法，精确至 0.0001g，称量范围≤±5%）于 250mL 的锥形瓶中，然后加入 70mL 水、10mL NH_3-NH_4Cl 缓冲溶液(pH≈10)及 0.3～0.6g 紫脲酸铵混合指示剂（称量纸上称量），摇匀（溶液颜色应不深不浅），用 0.05000mol/L EDTA 标准溶液滴定至溶液由黄色经灰色（近终点）变为蓝紫色到终点。平行测定 3 次。

三、数据记录与处理

计算镍的质量分数 $\omega(\text{Ni})$，以 g/kg 表示。

$$\omega(\text{Ni})=\frac{c(\text{EDTA})VM(\text{Ni})}{m(\text{试样})}$$

式中 $c(\text{EDTA})$——EDTA 标准溶液的浓度，mol/L；

V——样品测定消耗 EDTA 标准溶液的体积，mL；

$M(\text{Ni})$——镍原子的摩尔质量，58.69g/mol；

$m(\text{试样})$——试样的质量，g；

$\omega(\text{Ni})$——硫酸镍试样中镍原子质量分数，g/kg。

测定硫酸镍试样中镍含量

项目	1	2	3
m(倾样前)/g			
m(倾样后)/g			
m(硫酸镍试样)/g			
滴定剂初读数/mL			
滴定剂终读数/mL			
滴定消耗 EDTA 体积/mL			
c(EDTA)/(mol/L)			
ω(Ni)/(g/kg)			
$\bar{\omega}$(Ni) /(g/kg)			
平行测定的相对极差/%			

【巩固提高】

简述紫脲酸铵指示剂的使用条件及其终点颜色变化。

子任务 3 天然水中钙离子、镁离子及水总硬度的测定

【任务目标】

知识目标

1. 理解金属指示剂的作用原理，明确指示剂的选择原则。
2. 了解水硬度的基本知识，理解水的总硬度和钙硬度测定的原理及计算方法。
3. 了解提高配位滴定选择性的方法。
4. 掌握铬黑 T 指示剂、钙指示剂的使用条件。

能力目标

1. 通过天然水总硬度和钙硬度的测定，培养学生将定量分析知识和技能应用于日常生活的能力。
2. 能按标准检测要求规范完成操作规程，能按照要求正确进行实验数据的处理。

素质目标

1. 培养学生团队合作精神。
2. 培养学生树立崇高的职业道德。
3. 理论与实际相结合，帮助学生养成务实、严谨、求真的科学态度。

中国色谱分析的先驱者——卢佩章

卢佩章出生于浙江杭州，分析化学与色谱学家。1949 年新中国成立前夕，卢佩章怀着发展祖国科学技术事业的勃勃雄心，奔赴百废待兴的东北，走进了当时新组建的中国科学院大连化学物理研究所的前身——大连大学科学研究所。他的科研人生从此与国家建设需要紧密联系在一起。

卢佩章原想专攻催化方向的，但国家任务使他改变了专业兴趣，并与色谱结下了不解之缘。新中国成立初期，他参与了国家从煤里制取石油这一国民经济急需的科研任务，承担了其中水煤气合成产品的分析任务，完成了“熔铁催化剂水煤气合成液体燃料及化工产品”项目，1953 年获国家自然科学奖三等奖。1954 年，他把气-固色谱法的体积色谱成功用于水煤气合成产品的气体组分分析。1956 年，他领导李浩春教授开展气-液色谱法取得成功，并用于石油产品分析。1957 年，他研制成功 5701 型色谱担体，后又改进为 6201 型硅藻土担体，由大连红光化工厂生产。

卢佩章在从事科研任务的开始就同时为新中国培养色谱科研人员，不仅注重培养年轻人严谨的学术思想和创新精神，更注重培养年青一代热爱祖国、热爱科学的意识。他常说：“科学家应该有一颗热爱祖国、热爱科学的心，我不相信一个追求个人名利的人，能在科学上做出更大的贡献。”在 2005 年与浙江大学大学生座谈时，卢佩章说：“一个科学家最大的幸福是能对社会、对人类做出些贡献。科学家要想创新，必须有坚实的理论和技术基础。有一颗热爱科学的心，才能选准方向，坚持下去。”这也是他 80 多年风雨人生的写照。

【知识储备】

一、提高配位滴定选择性的方法

在分析工作中，遇到的实际样品的组成大多是比较复杂的，其分析试液大多数是几种金属离子共存的。由于 EDTA 具有相当强的配位能力，能与多种金属离子配合，因而得到了广泛的应用。同时也带来了多种金属离子共存时进行滴定会互相干扰的问题。如何消除干扰，便成为配位滴定中要解决的重要问题。提高配位滴定选择性，就是要设法消除共存离子（N）的干扰，以便准确地滴定待测金属离子（M）。

在配位滴定中，一种金属离子被准确滴定，必须满足 $\lg[c'(\mathrm{M})K'(\mathrm{MY})]\geqslant 6$ 的条件，其误差 $\leqslant\pm0.1\%$。当溶液中有两种以上的金属离子共存时，是否存在干扰与两者的 K' 和浓度 c 有关。一般情况下，若使 N 不干扰 M 的测定，则要求：$c'(\mathrm{M})K'(\mathrm{MY})/c'(\mathrm{N})K'(\mathrm{NY})\geqslant 10^5$，或 $\lg[c'(\mathrm{M})K'(\mathrm{MY})]-\lg[c'(\mathrm{N})K'(\mathrm{NY})]\geqslant 5$。因此，在离子 M 与 N 的混合溶液中，要准确滴定 M，又不被 N 干扰，必须同时满足下列两个条件：

$$\lg[c'(\mathrm{M})K'(\mathrm{MY})]\geqslant 6$$

$$\lg[c'(\mathrm{N})K'(\mathrm{NY})]\leqslant 1$$

由此可知，提高配位滴定选择性的途径主要是降低干扰离子 N 的浓度或降低 NY 的稳定性。

1. 控制溶液的酸度

由于 H^+ 存在，使配位体 Y 参加主反应能力降低的现象称为酸效应（又称质子化效应）。由 H^+ 引起副反应时的副反应系数称为酸效应系数，用 $\alpha[\mathrm{Y(H)}]$ 表示。$\alpha[\mathrm{Y(H)}]$ 表示未参加与金属离子配位的 EDTA 滴定剂的各种形式总浓度 $[c(\mathrm{Y'})]$ 与游离滴定剂 $c(\mathrm{Y})$ 的比值。

$$\alpha[\mathrm{Y(H)}]=\frac{c(\mathrm{Y'})}{c(\mathrm{Y})} \tag{3-3}$$

酸效应系数 $\alpha[\mathrm{Y(H)}]$ 是判断 EDTA 能否滴定某金属离子的主要参数。溶液的酸度越高，$\alpha[\mathrm{Y(H)}]$ 值越大，有效浓度 $c(\mathrm{Y})$ 越小，则副反应越严重，配位剂的配合能力越弱。

若溶液中有 M 与 N 两种离子，通过控制溶液的酸度可使 M 的 $\lg[c'(\mathrm{M})K'(\mathrm{MY})]\geqslant 6$，N 的 $\lg[c'(\mathrm{N})K'(\mathrm{NY})]\leqslant 1$，这样就可以准确滴定 M 而不受 N 的干扰，或者进行 M 和 N 的连续滴定。

在连续滴定 M 和 N 的过程中，可根据

$$\lg\alpha[\mathrm{Y(H)}]=\lg K(\mathrm{MY})-8$$

计算出 M 的最高允许酸度（最低允许 pH）。将上式代入

$$\lg K(\mathrm{MY})-\lg K(\mathrm{NY})\geqslant 5$$

得

$$\lg\alpha[\mathrm{Y(H)}]\geqslant\lg K(\mathrm{NY})-3$$

可以计算出滴定 M 的最低允许酸度（最高允许 pH）。也可以利用酸效应曲线，找出最高允许酸度及 N 存在下滴定 M 的最低允许酸度，从而确定 M 的 pH 范围。

【例 3-1】 溶液中同时存在 Bi^{3+}、Pb^{2+}，当 $c(Bi^{3+})=c(Pb^{2+})=0.01mol/L$ 时，已知 $\lg K(PbY)=18.04$，要选择滴定 Bi^{3+}而不被 Pb^{2+}干扰，问溶液的酸度应控制在什么范围？

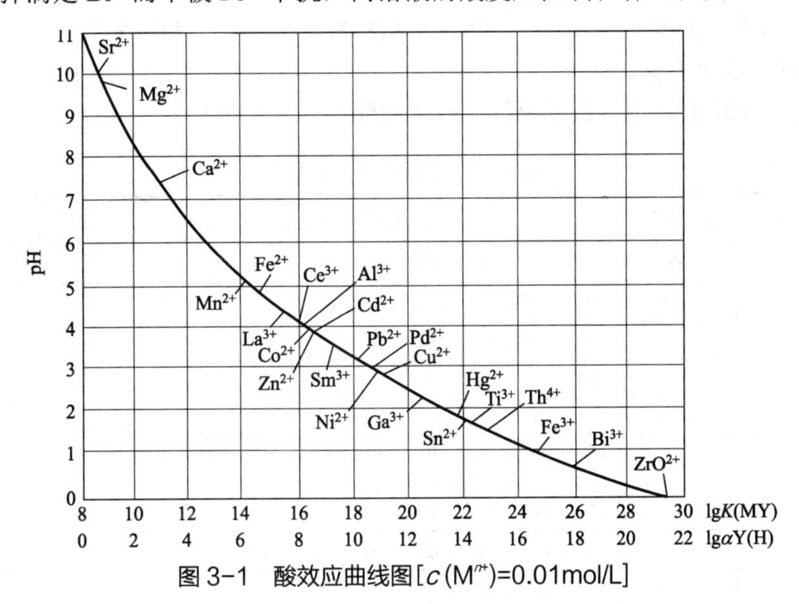

图 3-1 酸效应曲线图[$c(M^{n+})=0.01mol/L$]

解： 从图 3-1 酸效应曲线图查得 Bi^{3+}最高允许酸度的 pH 为 0.7，若要使 Pb^{2+}完全不与 EDTA 反应，其条件是 $\lg[c'(Pb^{2+})K'(PbY)]\leqslant 1$，即 $\lg K'(PbY)\leqslant 3$。又

$$\lg K'(PbY)=\lg K(PbY)-\lg\alpha[Y(H)]$$

$$\lg K(PbY)-\lg\alpha[Y(H)]\leqslant 3$$

$$\lg\alpha[Y(H)]\geqslant \lg K(PbY)-3$$

$$\lg\alpha[Y(H)]\geqslant 18.04-3=15.04$$

查酸效应曲线得，当 $\lg\alpha[Y(H)]=15.04$ 时，pH=1.6。即在 pH<1.6 时，Pb^{2+}不与 EDTA 配位。所以在 Pb^{2+} 存在下滴定 Bi^{3+} 的酸度范围为 pH=0.7～1.6。实际测定中，溶液的酸度控制在 pH=1。

2. 利用掩蔽法

若金属离子和干扰离子与 EDTA 形成配合物的稳定常数相差不多，$\Delta\lg(c'K')<5$，就不能用控制酸度的方法准确滴定。此时可利用掩蔽剂来降低干扰离子的浓度以消除干扰。

这种利用化学反应不经分离消除干扰的方法称为掩蔽。实质上是加入一种试剂，使干扰离子失去正常的性质，使其以另一种形式存在于体系中，从而降低了该体系中干扰物质的浓度。常用的掩蔽法有氧化还原掩蔽法、配位掩蔽法和沉淀掩蔽法。

① 配位掩蔽法。配位掩蔽法是利用干扰离子与掩蔽剂生成更为稳定的配合物。此法在配位滴定中应用很广泛。例如，测定水中的 Ca^{2+}、Mg^{2+}含量时，Fe^{3+}、Al^{3+}对测定有干扰。若先加入三乙醇胺与 Fe^{3+}、Al^{3+} 生成更稳定的配合物，就可在 pH=10 时直接测定水的总硬度。

② 沉淀掩蔽法。沉淀掩蔽法是利用干扰离子与掩蔽剂形成沉淀，以降低干扰离子的浓度，消除干扰。例如，配位滴定法用 EDTA 标准溶液测定水的钙硬度时，可加入 NaOH 溶液，使 pH=12，则 Mg^{2+}生成 $Mg(OH)_2$ 沉淀，而不干扰 EDTA 滴定 Ca^{2+}。

③ 氧化还原掩蔽法。氧化还原掩蔽法是利用氧化还原反应改变干扰离子价态以消除干扰。

例如，测定 Bi^{3+}、Fe^{3+}混合溶液中的 Bi^{3+}含量。由于 $K(BiY^-)=27.94$，$K(FeY^-)=25.1$，其两者的稳定常数相差很小，因此，Fe^{3+}干扰 Bi^{3+}的测定。若在溶液中加入抗坏血酸或盐酸羟胺，将 Fe^{3+}还原为 Fe^{2+}，由于 $K(FeY^{2-})$比 $K(FeY^-)$要小得多[$K(FeY^{2-})=14.3$，$K(FeY^-)=25.1$]，也远远小于 $K(BiY^-)$，所以能消除干扰。

配位滴定中常用的配位掩蔽剂及沉淀掩蔽剂分别列于表 3-3、表 3-4 中。

表 3-3 常用的配位掩蔽剂

掩蔽剂	pH 范围	被掩蔽的离子	备注
KCN	>8	Cu^{2+}、Co^{2+}、Ni^{2+}、Zn^{2+}、Hg^{2+}、Cd^{2+}、Ag^+	
NH_4F	4～6	Al^{3+}、Ti(Ⅳ)、Sn^{4+}、Zr^{4+}、W(Ⅳ)	
	10	Al^{3+}、Ca^{2+}、Mg^{2+}、Ba^{2+}、Sr^{2+}	
三乙醇胺	10	Al^{3+}、Sn^{4+}、Ti(Ⅳ)、Fe^{3+}	与 HCN 并用，可提高掩蔽效果
	11～12	Fe^{3+}、Al^{3+}、少量 Mn^{2+}	
二巯基丙醇	10	Hg^{2+}、Cd^{2+}、Zn^{2+}、Pb^{2+}、Bi^{3+}、Ag^+、As^{3+}、Sn^{4+}及少量 Cu^{2+}、Co^{2+}、Ni^{2+}、Fe^{3+}	
铜试剂（DDTC）	10	Cu^{2+}、Hg^{2+}、Pb^{2+}、Cd^{2+}	
邻二氮菲	5～6	Cu^{2+}、Co^{2+}、Ni^{2+}、Zn^{2+}、Hg^{2+}、Cd^{2+}、Mn^{2+}	
硫脲	5～6	Cu^{2+}、Co^{2+}、Ti^+	
酒石酸	1.5～2	Sb^{3+}、Sn^{4+}	
乙酰丙酮	5～6	Fe^{3+}、Al^{3+}、Be^{2+}	

表 3-4 常用的沉淀掩蔽剂

掩蔽剂	被掩蔽的离子	被滴定的离子	pH 范围	指示剂
NH_4F	Ca^{2+}、Mg^{2+}、Ba^{2+}、Sr^{2+}、Ti^{4+}、稀土	Zn^{2+}、Cd^{2+}、Mn^{2+}（在还原剂存在下）	10	铬黑 T
		Cu^{2+}、Co^{2+}、Ni^{2+}	10	紫脲酸胺
K_2CrO_4	Ba^{2+}	Sr^{2+}	10	Mg-EDTA+ 铬黑 T
Na_2S 或铜试剂	微量重金属	Ca^{2+}、Mg^{2+}	10	铬黑 T
H_2SO_4	Pb^{2+}	Bi^{3+}	1	二甲酚橙
$K_4[Fe(CN)_6]$	微量 Zn^{2+}	Pb^{2+}	5～6	二甲酚橙
KI	Cu^{2+}	Zn^{2+}	5～6	PAN

当利用控制酸度进行分步滴定或掩蔽干扰离子都有困难时，可采用分离的方法或选用其他的滴定剂。

二、水硬度的基本知识

水的硬度是指水中除碱金属外的全部金属离子浓度的总和。由于 Ca^{2+}、Mg^{2+}含量远比其他金属离子含量高，所以水的硬度通常以 Ca^{2+}、Mg^{2+}总含量表示。水的硬度是衡量生活用水和工业用水水质的一项重要指标，测定水的硬度具有很重要的实际意义。

水的硬度是将水中 Ca^{2+}、Mg^{2+}的含量折算成 CaO（或 $CaCO_3$）来表示。目前，常采用的表示方法有两种，一种表示方法是以折合而成的 $CaCO_3$（或 CaO）的浓度来表示；另一种是用“度”来表示。德国度（°）：每升水中含有相当于 10mg CaO 为 1 个德国度（1 度，表示为 1°）；美国度（mg/L）：每升水中含有相当于 1mg $CaCO_3$ 为 1 个美国度；法国度（f）：每升水中含有相当于 10mg $CaCO_3$ 为 1 个法国度（1f）；英国度（e）：每升水中含有相当于 14.28mg $CaCO_3$ 为 1 个英国度（1e）。

水的硬度用德国度（°）作标准来划分时，一般把小于 8° 的水叫软水，大于 8° 水叫硬水。又将小于 4° 的水叫很软水，4°～8° 的水叫软水，8°～16° 的水叫中硬水，16°～32° 的水叫硬水，大于 32° 的水叫很硬水。按我们国家《生活饮用水卫生标准》（GB 5749—2022）规定，总硬度（以 $CaCO_3$ 计）不得超过 450mg/L。各种工业用水是根据工艺过程对硬度的要求而定。

水的硬度又可分为：Ca^{2+}、Mg^{2+}总量表示的水的总硬度，钙盐含量表示水的钙硬度，镁盐含量表示水的镁硬度。

三、硬度测定原理

1. 水的总硬度测定

利用 $NH_4Cl\text{-}NH_3 \cdot H_2O$ 缓冲溶液控制水样 pH≈10，以铬黑 T 为指示剂，用 EDTA 标准溶液滴定。在滴定过程中，主要有四种配合物生成即 CaY、MgY、MgIn、CaIn，它们的稳定性次序为

$$CaY>MgY>MgIn>CaIn\text{（略去电荷）}$$

由于 $K(MgIn)>K(CaIn)$，水中 Mg^{2+}与铬黑 T 生成红色配合物。反应式为

$$Mg^{2+} + HIn^{2-} \rightleftharpoons MgIn^{-} + H^{+}$$

用 EDTA 标准溶液滴定时，由于 $K(CaY)>K(MgY)$，因此 EDTA 先与水中 Ca^{2+}配位，再与水中 Mg^{2+}配位。反应式为

$$H_2Y^{2-} + Ca^{2+} \rightleftharpoons CaY^{2-} + 2H^{+}$$

$$H_2Y^{2-} + Mg^{2+} \rightleftharpoons MgY^{2-} + 2H^{+}$$

到达化学计量点时，由于 $K(MgY)>K(MgIn)$，EDTA 夺取 $MgIn^{-}$中的 Mg^{2+}，使指示剂游离出来而显示纯蓝色。反应式为

$$\underset{\text{（红色）}}{H_2Y^{2-} + MgIn^{-}} \rightleftharpoons \underset{\text{（蓝色）}}{HIn^{2-}} + H^{+} + MgY^{2-}$$

根据 EDTA 的用量计算水的总硬度（以“德国度”计）为

$$\text{水的总硬度} = \frac{c(EDTA)V_1(EDTA)M(CaO)}{V(\text{水样})} \times 10^2$$

式中 $c(EDTA)$——EDTA 溶液的浓度，mol/L；

$M(CaO)$——CaO 的摩尔质量，g/mol；

$V(\text{水样})$——被测水样的体积，mL；

V_1——滴定 Ca^{2+}、Mg^{2+}的总量所用 EDTA 溶液的体积，mL。

2. 钙硬度测定

用 NaOH 溶液调节水样 pH=12，使 Mg^{2+}生成 $Mg(OH)_2$ 沉淀，以钙指示剂确定终点，用 EDTA 标准溶液滴定，终点时溶液由酒红色变为蓝色。其各步反应式为

$$Mg^{2+} + 2OH^- \longrightarrow Mg(OH)_2\downarrow$$

$$Ca^{2+} + HIn^{3-} \rightleftharpoons CaIn^{2-} + H^+$$

$$H_2Y^{2-} + Ca^{2+} \rightleftharpoons CaY^{2-} + 2H^+$$

$$\underset{\text{（酒红色）}}{H_2Y^{2-} + CaIn^{2-}} \rightleftharpoons \underset{\text{（蓝色）}}{HIn^{3-} + H^+ + CaY^{2-}}$$

根据 EDTA 的用量计算水的钙硬度(mg/L)为

$$\rho(Ca^{2+}) = \frac{c(EDTA)V_2M(Ca^{2+})}{V(\text{水样})}$$

式中　$c(EDTA)$——EDTA 溶液的浓度，mol/L；

$M(Ca^{2+})$——Ca^{2+}的摩尔质量，g/mol；

$\rho(Ca^{2+})$——Ca^{2+}的质量浓度，mg/L；

$V(\text{水样})$——被测水样的体积，L；

V_2——滴定 Ca^{2+}的含量所用 EDTA 溶液的体积，mL。

3. 镁硬度测定

由总硬度减去钙硬度，即为镁硬度。计算水的镁硬度（mg/L）为

$$\rho(Mg^{2+}) = \frac{c(EDTA)(V_1 - V_2)M(Mg^{2+})}{V(\text{水样})}$$

式中　$c(EDTA)$——EDTA 溶液的浓度，mol/L；

$M(Mg^{2+})$——Mg^{2+}的摩尔质量，g/mol；

$\rho(Mg^{2+})$——Mg^{2+}的质量浓度，mg/L；

$V(\text{水样})$——被测水样的体积，L；

V_1——滴定 Ca^{2+}、Mg^{2+}的总量所用 EDTA 溶液的体积，mL；

V_2——滴定 Ca^{2+}的含量所用 EDTA 溶液的体积，mL。

【任务实施】

水总硬度的测定

一、任务准备

1. 仪器

25mL 酸式滴定管、50mL 移液管、250mL 锥形瓶、10mL 量筒等。

2. 试剂

① 待测水样。

② 10% NaOH 溶液。

③ 0.01000mol/L EDTA 标准溶液。

④ NH_3-NH_4Cl 缓冲溶液（pH≈10）。称取 54.0g NH_4Cl，溶于 200mL 水中，加 350mL 氨水，用水稀释至 1000mL，摇匀。

⑤ 铬黑 T 指示剂。称取 1g 铬黑 T 和 100g（或 200g）氯化钠，混合，研细。

⑥ 钙指示剂。称取 1g 钙指示剂和 100g（或 200g）氯化钠，混合，研细。

二、工作过程

1. 钙、镁离子总量测定

吸取水样 50.00 mL 于 250 mL 锥形瓶中，加 5mL NH_3-NH_4Cl 缓冲溶液，加少许铬黑 T 指示剂，摇匀（溶液颜色应不深不浅），用 EDTA 标准溶液滴定至溶液由红色变为纯蓝色，即为终点。记录 EDTA 用量 V_1（mL）。平行测定 3 次。

2. 钙离子含量测定

另取 50.00mL 水样于 250mL 锥形瓶中，加 5mL 10% NaOH 溶液，加少许钙指示剂，摇匀（溶液颜色应不深不浅），用 EDTA 标准溶液滴定至酒红色变为纯蓝色。记录 EDTA 用量 V_2（mL）。平行测定 3 次。

3. 镁离子含量测定

从 Ca^{2+}、Mg^{2+}的总量中减去 Ca^{2+}的含量，即可求得 Mg^{2+}的含量。

三、数据记录与处理

水样总硬度测定

项目	1	2	3
水样的用量/mL			
EDTA 标准溶液初读数/mL			
EDTA 标准溶液终读数/mL			
EDTA 标准溶液消耗体积 V_1/mL			
EDTA 标准溶液的浓度/(mol/L)			
总硬度/(°)			
总硬度平均值/(°)			
相对平均偏差/%			

钙、镁硬度测定

项目	1	2	3
水样的用量/mL			
EDTA 标准溶液初读数/mL			
EDTA 标准溶液终读数/mL			
EDTA 标准溶液消耗体积 V_2/mL			
EDTA 的浓度/(mol/L)			
Ca^{2+}含量/(mg/L)			
Ca^{2+}平均含量/(mg/L)			
Mg^{2+}平均含量/(mg/L)			
相对平均偏差/%			

【巩固提高】

1. EDTA、铬黑T分别与Ca^{2+}、Mg^{2+}形成的配合物稳定性顺序是什么？
2. 为什么滴定Ca^{2+}、Mg^{2+}总量时要控制溶液pH≈10？

任务2 光谱法测定金属离子含量

子任务1 紫外-可见分光光度法测定水中微量铁

【任务目标】

知识目标

1. 掌握紫外-可见分光光度法定量分析的基本原理和方法。
2. 熟悉紫外-可见分光光度计的基本结构和工作原理。

能力目标

1. 能够掌握紫外-可见分光光度计的基本操作。
2. 能按标准检测要求规范完成操作规程。

素质目标

1. 培养学生团队合作精神。
2. 培养学生树立崇高的职业道德。
3. 理论与实际相结合，帮助学生养成务实、严谨、求真的科学态度。

【知识储备】

一、紫外-可见分光光度法基本原理

紫外-可见吸收光谱技术是基于物质的分子或离子对200～780nm区域内光的选择性吸收而建立起来的定性和定量分析方法，也称紫外-可见分光光度法。通常，把基于物质对200～400nm紫外光区的选择性吸收而建立起来的分析方法称为紫外分光光度法；把基于物质对400～760nm可见光区的选择性吸收而建立起来的分析方法称为可见分光光度法。紫外-可见分光光度法是一类应用时间久且广泛的方法。与其他仪器分析法相比较，紫外-可见分光光度法的主要特点见表3-5。

表 3-5　紫外-可见分光光度法的主要特点

仪器简单	灵敏度较高	分析速度快	准确度较高	应用广泛	微量组分测定
仪器简单、价格便宜（几千元）、操作方便	可测 10^{-6}～10^{-5} mol/L 范围，最低可测 10^{-7}mol/L	几分钟即可	相对误差一般在2%～5%,若采用精密分光光度计进行测量，相对误差可达1%～2%	可用于测定金属、非金属、无机和有机化合物等。在国内外的环境监测分析中频繁被使用	不适于常量组分的测定，因为准确度不及化学分析法。适用于测定微量和痕量组分

（一）透光率和吸光度

当一束平行且具有一定波长的单色光通过均匀、非散射的某有色溶液时，光的一部分被吸收，一部分透过溶液，一部分被比色皿表面反射，如图 3-2 所示。在分光光度法中，由于所用比色皿质地相同，反射光的强度基本相同，其影响相互抵消，可不予考虑。

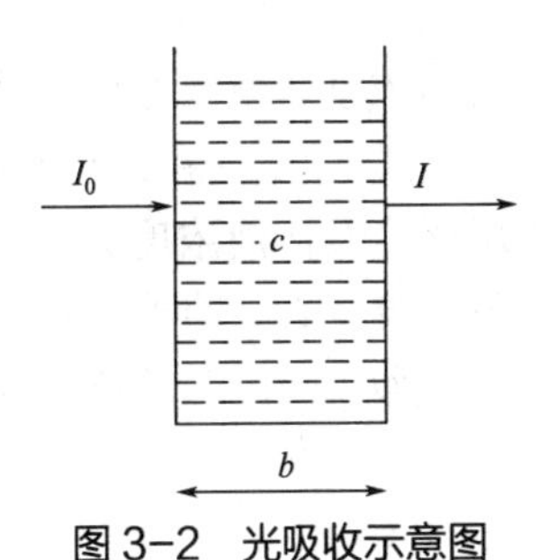

图 3-2　光吸收示意图

则：

$$I_0 = I_a + I$$

式中　I_0——入射光强度；

I——透射光强度；

I_a——吸收光强度。

透射光强度与入射光强度之比称为透光率（或透光度、透射比），用符号 T 表示，则：

$$T = \frac{I}{I_0} \tag{3-4}$$

透光率愈大，溶液对光的吸收愈少；反之，透光率愈小，溶液对光的吸收愈多。

透光率的负对数称为吸光度，用符号 A 表示，则：

$$A = -\lg T = -\lg\frac{I}{I_0} = \lg\frac{I_0}{I} \tag{3-5}$$

（二）光吸收定律——朗伯-比尔定律

1. 朗伯-比尔定律概述

溶液对光的吸收除了与溶液本身性质有关外，还与入射光波长、溶液浓度、液层厚度及温度有关。朗伯和比尔分别研究了吸光度与液层厚度（b）、吸光度与溶液浓度（c）之间的定量关系。

朗伯定律为：当一定波长的单色光通过一定浓度的溶液时，其吸光度与光通过的液层厚度成正比，即

$$A = K_1 b \tag{3-6}$$

比尔定律指出：当一定波长的单色光通过液层厚度一定的溶液时，其吸光度与溶液的浓度成正比，即

$$A = K_2 c \tag{3-7}$$

式中，K_1、K_2为比例常数。

如果同时考虑液层厚度与溶液浓度对光吸收的影响，朗伯-比尔定律可表示为：

$$A = \lg\frac{I_0}{I} = Kcb \tag{3-8}$$

式中 A——吸光度，无量纲单位；

b——液层厚度（比色皿厚度），cm；

c——吸光物质的浓度，g/L；

K——吸光系数，L/(g • cm)。

即在一定温度下，当一束平行的单色光通过均匀、非散射的溶液时，溶液的吸光度与溶液的浓度和液层厚度的乘积成正比。这个定律称为朗伯-比尔定律。

式（3-8）中 K 与温度、吸光物质的性质、入射光的波长及仪器质量等因素有关，而与液层厚度及溶液浓度无关。其物理意义是：单位浓度、单位液层厚度时，在一定波长下测得的吸光度。若 c 的单位为 g/L，b 的单位为 cm 时，则 K 单位为 L / (g•cm) 。

如果浓度 c 的单位为 mol/L，液层厚度 b 的单位为 cm 时，则 K 用另一符号 ε 表示。

$$A = \lg\frac{I_0}{I} = \varepsilon cb \tag{3-9}$$

式中，ε 为摩尔吸光系数，L/(mol • cm)。它的物理意义是：浓度 c 为 1mol/L，液层厚度 b 为 1cm 时，在一定波长下溶液的吸光度。显然不能直接测量 1mol/L 有色溶液的吸光度，而是在适宜的低浓度时测定吸光度，然后根据 $A=\varepsilon cb$ 计算 ε 值。

朗伯-比尔定律数学表达式中的浓度 c 是溶液中吸光物质（“有色”物质）的浓度，这个浓度与溶液中分析物的浓度往往不相等。但只要分析物转变为吸光物质的化学条件适宜并保持恒定，吸光物质的浓度与分析物浓度可能相等或具有简单的比例关系。故在实际工作中吸光度与分析物浓度之间的关系同样可用公式 $A=Kcb$ 或 $A=\varepsilon cb$ 来表示，此时 ε 实际为表观摩尔吸光系数 ε'。在多数情况下，用分析物浓度代替溶液中吸光物质的浓度所计算的 ε 值，就是这种表观摩尔吸光系数。

摩尔吸光系数是在特定波长和溶剂下的特定常数，其大小可用以度量物质吸光能力的大小，反映显色反应灵敏度的高低，测定时通常选 ε 值较大的化合物以提高灵敏度。

2. 朗伯-比尔定律的使用条件

① 入射光为单色光且垂直照射。

② 必须发生在均匀非散射的介质（液体、固体、气体）中。如果介质不均匀，呈胶体、乳浊、悬浮状态存在，则入射光除了被吸收以外，还有一部分因散射、反射现象而损失，使透过率减小，实测吸光度偏高，导致对朗伯-比尔定律的偏离。

③ 吸光质点形式不变。解离、缔合、互变异构、形成配合物等现象会改变其对光的吸收能力，导致吸光度 A 与浓度 c 之间的线性关系发生偏离。

④ 适用于稀溶液（$c \leqslant 0.01$mol/L）。

⑤ 能够用于单组分溶液或各吸光质点间无相互作用的多组分溶液。

3. 吸光度的加和性

在含有多组分体系的吸光分析中，往往各组分对同一波长的光都有吸收，溶液的吸光度等于各组分吸光度之和：

$$A = A_1 + A_2 + \cdots + A_n = \varepsilon_1 bc_1 + \varepsilon_2 bc_2 + \cdots + \varepsilon_n bc_n$$

若样品中含有的各种吸光物质的吸收曲线不相互重叠，可在各自最大波长位置分别进行测定；各种吸光物质吸收曲线相互重叠，这时溶液的总吸光度等于各组分吸光度之和。譬如样品中含有 n 个组分，可在 n 个适当波长进行 n 次测量，获得 n 个吸光度值，然后解 n 个联立方程以求出各组分浓度。

4. 朗伯-比尔定律的有关计算

【例 3-2】 邻二氮菲法测铁时，5.0×10^{-4} g/L Fe^{2+} 溶液与邻二氮菲生成橙红色配合物，比色皿厚度为 2cm，在 λ=510nm 处，测得 A=0.190，计算该有色配合物的摩尔吸光系数。

解：

$$c(Fe^{2+}) = \frac{5.0\times10^{-4}}{55.85} = 9.0\times10^{-6}(\text{mol/L})$$

$$\varepsilon = \frac{A}{bc} = \frac{0.190}{2\times9.0\times10^{-6}} = 1.1\times10^{4}[\text{L/(mol•cm)}]$$

答：该有色配合物的摩尔吸光系数为 1.1×10^4L/(mol • cm)。

【例 3-3】 某一有色溶液，浓度 c 为 2.0×10^{-5}mol/L，盛于 1cm 比色皿中，在 λ=514nm 处，测得 T_1=60%，求（1）ε=？（2）其它条件不变，当溶液浓度为 2c 时，A_2=？T_2=？

解：

（1）$A_1 = -\lg T_1 = -\lg 60\% = 0.22$

由 $A_1 = \varepsilon bc_1$ 得 $\varepsilon = \dfrac{A_1}{bc_1} = \dfrac{0.22}{1\times2.0\times10^{-5}} = 1.1\times10^4[\text{L/(mol • cm)}]$

（2）由 $A_1 = -\lg T_1 = \varepsilon bc_1, A_2 = -\lg T_2 = \varepsilon bc_2$ 得

$$\frac{A_2}{A_1} = \frac{\varepsilon bc_2}{\varepsilon bc_1} = \frac{c_2}{c_1} = \frac{2c}{c} = 2$$

$$A_2 = 2A_1 = 2\times0.22 = 0.44$$

$$-\lg T_2 = -2\lg T_1$$

$$T_2 = T_1^2 = (60\%)^2 = 36\%$$

答：（1）$\xi = 1.1\times10^4\text{L/(mol • cm)}$。（2）其它条件不变，当溶液浓度为 2$c$ 时，A_2=0.44，T_2=36%。

二、紫外-可见分光光度计

（一）分光光度计的类型和主要部件

1. 类型

紫外-可见分光光度计简称分光光度计。目前商品化的紫外-可见分光光度计型号较多，常用的单光束可见分光光度计有 721 型、722 型、723 型等；常用的单光束紫外分光光度计有 751G 型、752 型、754 型、756MC 型等；常用的双光束紫外分光光度计有 710 型、730 型、760CRT 型、760MC 型等；常用的双波长分光光度计有 WFZ800S 型、日本岛津 UV-300 型等。

分光光度计的基本原理、基本结构相似，都由光源、单色器、吸收池、检测器和信号显示系统等五大部件组成，如图 3-3 所示。

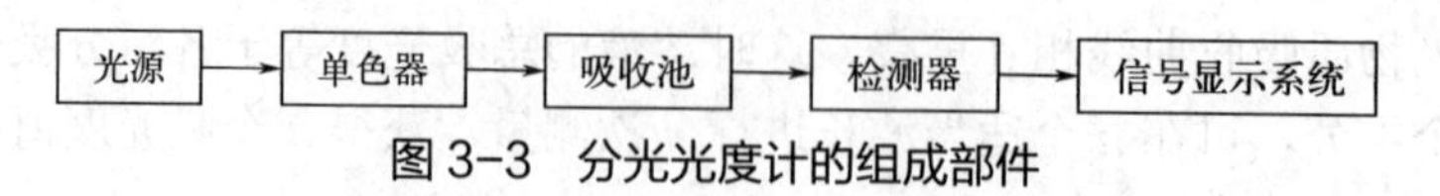

图 3-3 分光光度计的组成部件

2. 部件

（1）光源　分光光度计对光源的要求是要能发射足够强度的连续光谱，有良好的稳定性和足够的使用寿命。紫外光区和可见光区常分别采用氢灯（或氘灯）和卤钨灯（或钨灯）两种光源。

① 卤钨灯（或钨灯）是最常用的可见光源，它可以发射波长为 350～2500nm 范围的连续光谱，其中最适宜的使用范围为 350～1000nm，除用作可见光源外，还可用作近红外光源。为了保证钨灯发光强度稳定，需用稳压电源供电，也可用 12V 的支流电源供电。卤钨灯是在钨丝中加入适量的卤化物或卤素，用石英制成灯泡，其发光强度比钨灯高，使用寿命长。

② 氢灯（或氘灯）常用作紫外光区的光源，由气体放电发光，能发射 150～400nm 范围的连续光谱，最适宜的使用范围为 200～360nm。氘灯的发光强度比氢灯大 4～5 倍，现代仪器多用氘灯。气体发电发光需要激发，同时应控制稳定的电流，所以配有专用的电源装置。氢灯（或氘灯）发射谱线中有几根原子谱线，可作为波长校正用，常用的有 F 线（486.13nm）和 C 线（656.28nm）。

（2）单色器　紫外与可见分光光度计的单色器通常置于吸收池之前，其作用是把光源发出的连续光谱色散为单色光，并准确地分出所需要的某一波长的光，是分光光度计的核心部件。其性能直接影响光谱带的宽度，从而影响测定的灵敏度、选择性和工作曲线的线性范围。

单色器由入射狭缝、准直镜、色散元件（光栅或棱镜）、物镜和出射狭缝等组成。入射狭缝起着限制杂散光进入的作用；准直镜将从入射狭缝射进来的复合光变成平行光，投射于色散元件上；色散元件用来分光；物镜将射到物镜的平行光汇聚在出射狭缝上；出射狭缝起限制光谱带宽的作用。

① 棱镜单色器。棱镜单色器是利用不同波长的光在棱镜内折射率不同将复合光色散为单色光的。棱镜色散大小与棱镜制作材料及几何形状有关。常用的棱镜用玻璃或石英制成。可见分光光度计采用玻璃棱镜，但玻璃吸收紫外光，所以不适用于紫外光区。紫外-可见分光光度计采用石英棱镜，它适用于紫外、可见整个光谱区。

② 光栅单色器。光栅可定义为一系列的等宽等距离的平行狭缝，光栅元件可分为投射光栅和反射光栅两种，常用的是平面反射光栅单色器。光栅的色散原理是：以光的衍射和干涉现象为基础，以同样入射角投射到光栅上的不同波长的复合光，其干涉极大都位于不同的角度位置，对于给定的光栅，不同波长的同一级主极大或次极大都不重合，而是按波长次序排列形成一系列分立的谱线，从而使不同波长的复合光经光栅衍射后被分开。由于光栅单色器的分辨率比棱镜单色器的分辨率高（可达±0.2nm），而且它可用的波长范围比棱镜单色器宽。因此，目前生产的紫外与可见分光光度计大多采用光栅作为色散元件。

值得注意的是：无论何种单色器，出射光光束常混有少量与仪器所指示波长不同的光波，即“杂散光”。杂散光会影响吸光度的正确测量，其产生的主要原因是光学部件或单色器外壁的反射和大气或光学部件表面上尘埃的散射等。为了减少杂散光，单色器用涂以黑色的罩壳封起来，通常不允许任意打开罩壳。

（3）吸收池　吸收池又称比色皿，是用于放置参比溶液和待测溶液的器件。比色皿一般为长方体，其底及两侧为磨毛玻璃面，另两面为光学透光面。根据光学透光面的材质，比色皿有玻璃比色皿和石英比色皿两种。玻璃比色皿用于可见光区测定。若在紫外光区测定，则必须使用石英比色皿。比色皿的规格是以光程为标志的。紫外-可见分光光度计的规格有：0.5cm、1.0cm、2.0cm、3.0cm、5.0cm 等，使用时，根据实际需要选择。由于一般商品比色皿的光程精度往往不是很高，与其标示值有微小的差别，即使同一厂家出品的同规格的比色皿也不一定能够互换使用。因此，比色皿在使用前必须进行配套性检验，使用比色皿的过程中，也应特别注意保护两个光学面。

① 吸收池（比色皿）配套性检验。根据《紫外、可见、近红外分光光度计检定规程》（JJG 178—2007）规定，在仪器所附的一套同一光径的比色皿中都注入蒸馏水，于 220nm（石英比色皿）、400nm（玻璃比色皿）处，将其中一个吸收池的透光率调至 100%处，测量其他各吸收池的透射比，凡透光率之差小于 0.5%的比色皿可配套使用，如表 3-6 所示。

表 3-6　比色皿的配套性要求

级别	波长	配套性误差
石英	220nm	≤0.5%
玻璃	400nm	

玻璃比色皿使用的波长范围为 320～1100nm，2 只石英比色皿使用的波长范围为 200～1100nm。比色皿是有方向性的，置入样品架时，比色皿上标记 G 或箭头方向要一致。手拿比色皿时应拿比色皿的磨砂面，否则将影响样品的测试精度。比色皿用完后应立即清洗干净。

② 比色皿使用要点。

a. 拿取比色皿时，只能用手接触两侧的磨砂面，不可接触光学面，同时注意轻拿轻放。

b. 不能将光学面与硬物或脏物接触，只能用擦镜纸或丝绸擦拭光学面。擦拭时只能向同一方向擦拭，而不能来回擦拭。

c. 盛装溶液时，需先用待装液润洗 2～3 次，以确保比色皿内溶液与待测液浓度保持一致。装液高度为比色皿的 2/3 即可。

d. 凡含能腐蚀玻璃物质（如 F^-、$SnCl_2$、H_3PO_4 等）的溶液，不得长时间盛放在比色皿中。

e. 比色皿使用后应立即用水冲洗干净。如比色皿被有机物沾污，宜用盐酸-乙醇（1∶2）混合液浸泡片刻，再用水冲洗。不能用毛刷刷洗，以免损伤比色皿。

f. 不能将比色皿放在火焰或电炉上进行加热或干燥箱内烘烤。

（4）检测器　检测器又称接收器，其作用是对透过吸收池的光作出响应，并把响应信号转变成电信号输出，其输出电信号的大小与透过光的强度成正比。常用的检测器有光电池、光电管及光电倍增管等，其都是基于光电效应原理制成的。作为检测器，对光电转换器的要求是：光电转换应有恒定的函数关系，相应灵敏度要高、速度要快，噪声低、稳定性高，产生的电信号易于检测放大。

（5）信号显示系统　由检测器产生的电信号，经放大等处理后，以一定方式显示出来，以便于记录与计算。常用的显示方式有数字显示、荧光屏显示和曲线扫描及结果打印等多种。高效能仪器还带有数据工作站，可进行多功能操作。

（二）分光光度计的工作原理

通电开机后点亮光源灯，这时由光源发出的复合光进入单色器，经光栅色散由出射狭缝射出一束单色光，经样品室后被光电池接收并转换为电信号。通过放大器的放大和 A/D 变换后至仪器微机的中央控制中心 CPU，CPU 根据收到的信号和调 0%*T*、调 100%*T* 指令，由软件自动控制，使信号保持稳定地输出，使数显屏上显示“100%T”（或“0.000A”），实现了自动调 0%*T*、调 100%*T* 的目的。

测量时设定测试波长，参比槽内放入参比溶液，按“100%T”键，CPU 根据接收到的指令，自动调整“0A/100%T”。当样品槽内待测溶液进入光路，单色光被待测溶液吸收后，透射出的单色光被光电池接收，转换成与待测溶液透射光强度成一定比例的电信号，在与参比溶液相同水平的状态下，经放大器放大和 A/D 变换后，由 CPU 控制显示出待测溶液的透光率或吸光度。

（三）分光光度计的使用方法

目前，测定吸光度的紫外和可见分光光度计品种和型号较多，虽然不同型号的仪器操作方法略有不同（使用前应详细阅读仪器说明书），但仪器上主要旋钮和按键的功能基本类似。

1. 722 型可见分光光度计的操作步骤

① 检查仪器各部件是否正常，接通电源开关，选择测定波长，打开试样室暗箱盖，预热 20min。

② 用一对已经配对（配套）的比色皿，一只装参比溶液，放置于第一格，另一只装待测试样溶液，置于第二格。将选择旋钮置于“T”状态，此时屏幕显示应为“0.000”，若不为“0.000”，可按“0%T”旋钮使显示“0.000”。盖上暗箱盖，此时屏幕显示应为“100.0”，若不为“100.0”，可按“0A/100%T”旋钮，使显示“100.0”。

③ 将选择旋钮置于“A”状态，此时屏幕显示应为“0.000”，若不为“0.000”，可按“0A/100%T”旋钮，使显示“0.000”。

④ 将待测溶液置于光路，此时屏幕显示值即为待测溶液的吸光度值。

⑤ 将选择旋钮置于“T”状态，打开暗箱盖，取出参比池和试样池，洗净、晾干后置于专用比色皿盒中。

⑥ 盖上暗箱盖，关闭电源，填写仪器使用记录。

2. 普析通用 T6 新世纪紫外-可见分光光度计（双光束）的操作步骤

波长范围为 190～1100nm；石英比色皿，支持八联池的操作。

（1）开机自检　依次打开打印机、仪器主机电源，仪器开始初始化，约 3min 初始化完成，如图 3-4 所示。

初始化完成后仪器进入主菜单界面，如图 3-5。

初始化	▬▬▬	100%
1. 样品池电机	OK	
2. 滤光片	OK	
3. 光源电机	OK	

图 3-4　初始化完成界面

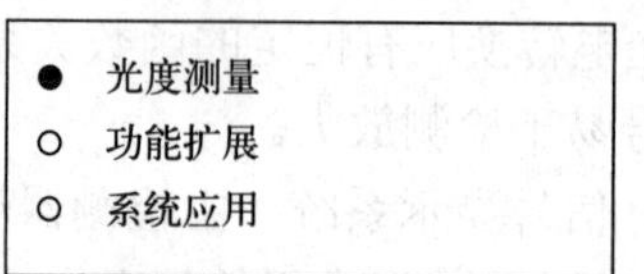

图 3-5　主菜单界面

（2）进入光度测量状态　用翻页键选择“光度测量”，按“ENTER”键进入光度测量主界面，见图 3-6。

（3）进入测量界面　按“START/STOP”键进入样品测定界面，如图 3-7。

光度测量：

0.00　Abs

250nm

图 3-6　光度测量主界面

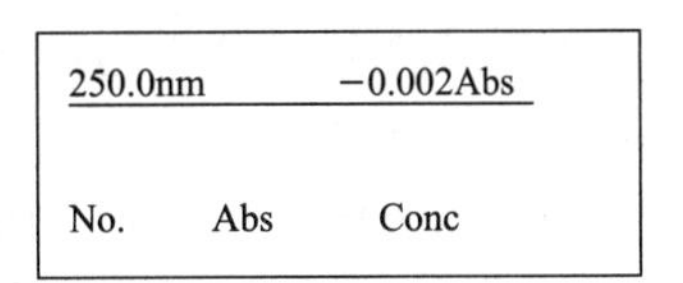

图 3-7　样品测定界面

（4）设置测量波长　按“GOTO”键，在界面中输入测量的波长，例如需要在 460nm 测量，输入 460，按“ENTER”键确认，仪器将自动调整波长，如图 3-8。

调整波长完成后如图 3-9。

请输入波长：

图 3-8　波长输入界面

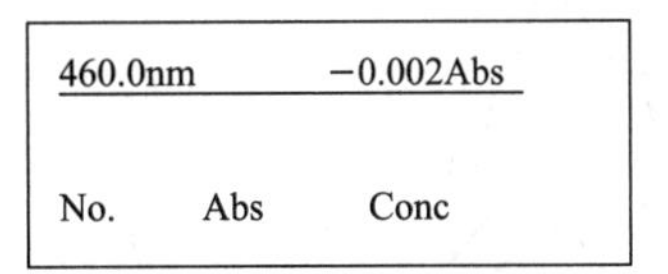

图 3-9　调整波长完成后界面

（5）设置参数　在此步骤中主要是设置样品池。按“SET”键进入参数设定界面，按“下”键使光标移动到“试样设定”，按“ENTER”键确认，进入设定界面，如图 3-10。

（6）设定使用样品池个数　按“下”键使光标移动到“使用样池数”“ENTER”键循环选择需要使用的样品池个数。主要根据使用比色皿数量确定，比如使用 2 个比色皿，则修改为 2，如图 3-11。

○　测光方式
○　数学计算
●　试样设定

图 3-10　参数设定界面

○　试样室：　八联池
●　样池数：　2
○　空白溶液校正：　否
○　样池空白校正：　否

图 3-11　样品池个数设定界面

（7）样品测量　按“RETURN”键返回到参数设定界面，再按“RETURN”键返回到光度测量界面。在 1 号样品池内放入空白溶液，2 号样品池内放入待测样品。关闭好样品池盖后按“ZERO”键进行空白校正，再按“START/STOP”键进行样品测量。

460.0nm　−0.002Abs

No.	Abs	Conc
1-1	0.012	1.000
2-1	0.052	2.000

图 3-12　样品测量界面

如果需要测量下一个样品，取出比色皿，更换为下一个测量的样品，按“START/STOP”键即可读数，如图 3-12。

若需要更换波长，可直接按“GOTO”键调整波长，注意更换波长后必须重新按“ZERO”进行空白校正。如果每次使用的比色皿数量是固定个数，下一次使用仪器可以跳过（5）、（6）步骤直接进入样品测量。

（8）结束测量　测量完成后按“PRINT”键打印数据，如果无打印机请记录数据。退出程序或关闭仪器后测量数据将消失。确保已从样品池中取走所有比色皿，清洗干净以便下一次使用。按“RETURN”键直接返回到仪器主菜单界面后再关闭电源。

三、定量分析测定条件的选择及方法

1. 定量分析测定条件的选择

紫外和可见吸收光谱定量分析测定条件的选择主要包括入射光波长、溶剂、参比溶液和吸光度范围、仪器狭缝的选择。

（1）入射光波长的选择　吸收光谱中，吸光度最大处的波长称为最大吸收波长，常用$\lambda_{最大}$或λ_{max}表示。测定单组分试样时，入射光波长的选择应根据吸收曲线来选择，通常选择试样溶液最大吸收波长作为测定波长。这是因为在此波长处吸光系数最大，测定灵敏度高。同时，此处光吸收曲线较为平坦，小范围内吸光度A随波长λ的变化不大，使测定有较大的准确度。

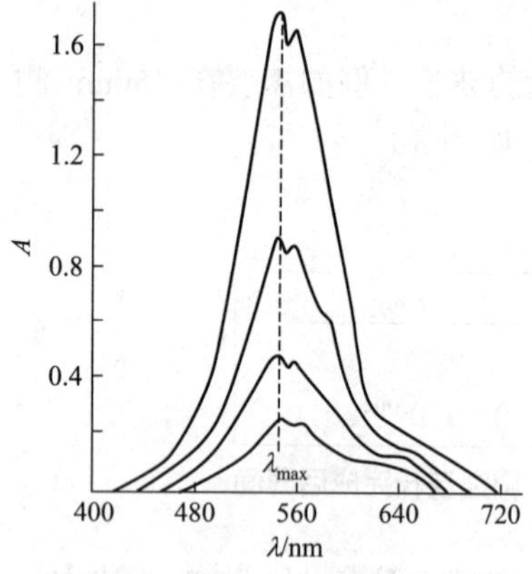

图 3-13　$KMnO_4$溶液吸收光谱

图 3-13 是四种不同浓度的$KMnO_4$溶液的吸收光谱。吸收曲线（也称吸收光谱）是以波长（λ）为横坐标，以吸光度（A）为纵坐标绘制而成的曲线，该吸收光谱为连续带状光谱。从图 3-13 可以看出，在可见光区，$KMnO_4$溶液对波长 525nm 附近绿光的吸收最强，即$KMnO_4$溶液的λ_{max}为525nm。

若在最大吸收波长处，干扰物质也有吸收或强烈吸收，则应选择既能避开干扰又使吸收尽可能大的波长，如测$KMnO_4$，无干扰时，选 525nm；与$K_2Cr_2O_7$共存时，选 545nm，以提高测定方法的准确度和选择性。

需要指出的是，在用紫外吸收光谱测定单组分试样时，除另有规定外，应以配制试样溶液的同批溶剂作为空白对照，采用 1cm 的石英比色皿，在规定的吸收峰波长±2cm 以内测试几个点的吸光度，或由仪器在规定波长附近自动扫描测定，以核对试样的吸收峰波长位置是否正确。

（2）溶剂的选择　许多有机溶剂，通常均具有很强的末端吸收，它们对光的吸收各有不同的截止波长（最短可用波长）。因此当作为溶剂使用时，它们的使用范围均不能小于截止波长。例如丙酮的最短可用波长为 330nm，即它对 330nm 以下的所有波长全部吸收。如果样品的吸收峰小于 330nm，是不能用丙酮作溶剂的。否则，样品的吸收峰检测不出来，导致分析工作失败。又如正己烷的截止波长为 220nm，如果样品的吸收峰在 220nm 以下，就不能用正己烷作溶剂。另外，当溶剂不纯时，也可能增加干扰吸收。因此，在测定供试品前，应先检查所用的溶剂在供试品所用的波长附近是否符合要求，即将溶剂置于 1cm 石英吸收池中，以空气为空白（即空白光路中不置任何物质）测定其吸光度。溶剂和吸收池的吸光度，在 220～240nm 范围内不得超过 0.40，在 241～250nm 范围内不得超过 0.20，在 251～300nm 范围内不得超过 0.10，在大于 300nm 时不得超过 0.05。

（3）参比溶液的选择　在分光光度分析中测定吸光度时，由于入射光的反射，以及溶剂、试剂等对光的吸收会造成透光率的减弱。为使透光率的减弱仅与溶液中待测物质的浓度有关，需要选择合适的溶液作参比溶液（空白溶液），先以参比溶液调节透光率为 100%（此时A=0），再测定待测溶液的吸光度。这实际上是以通过参比池的光作为入射光来测定试液的吸光度，因此就可以消除溶液中其他物质的干扰，抵消吸收池和试剂对入射光的吸收，比较真实地反映了待测物质的浓度。参比溶液可根据下列情况来选择。

① 溶剂参比。当试样溶液、显色剂及所用的其他试剂在测量波长处均无吸收，仅待测组分与显色剂的反应产物有吸收时，可用去离子水或其他纯溶剂作为参比溶液，这样可以消除溶剂、吸收池等因素的影响。

② 试剂参比。当显色剂或加入的其它试剂在测量波长处略有吸收，应选用试剂空白作参比溶液。所谓试剂空白就是不加试样而试剂相同的溶液，这种参比溶液可消除试剂中的组分带来的影响。

③ 试液参比。如果显色剂在测量波长处无吸收，但待测试液中其他离子有吸收，可将不加显色剂的试液作为参比溶液，以消除有色离子的干扰。

总之，选择参比溶液时，应尽可能全部抵消各种共存有色物质的干扰，使试液的吸光度真正反映待测物质的浓度。

（4）吸光度范围的选择　仪器测量不准确也会造成误差。在不同吸光度范围内读数对测定会带来不同程度的误差，无论何种光度法，都有一个浓度测量相对误差较小的透光率范围。当 A=0.43 时，测量的相对误差最小。当 T 为 15%～65%时，即 A 在 0.2～0.8 时能满足分析测定的误差要求。故吸光度在 0.2～0.8 为测量的适宜范围。《中华人民共和国药典》规定，一般试样溶液的吸光度读数以 0.3～0.7 为宜。

（5）仪器狭缝的选择　分光光度计狭缝宽度会直接影响到测定的灵敏度和结果的准确性。仪器的狭缝波带宽度应小于试样吸收带的半宽度的十分之一，否则测得的吸光度会偏低；狭缝宽度的选择，应以减小狭缝宽度时试样的吸光度不再增大为准。

由于吸收池和溶剂本身可能有空白吸收，因此测定试样的吸光度后应减去空白读数，或由仪器自动扣除空白读数后再计算含量。

2. 紫外-可见吸收光谱定量分析测定的方法

样品含量测定一般有以下几种方法。

（1）吸光系数法　吸光系数是物质的特性常数，其值可从手册或文献中查得。吸光系数法是先配制一定浓度的试样溶液，测定其在一定波长下的吸光度，然后根据吸光系数求出试样溶液浓度的一种方法。该法多用于单组分含量的测定。

$$c = \frac{A}{Kb}$$

【例 3-4】　维生素 B_{12} 的水溶液，在 361nm 波长处的吸光系数为 20.7L/(g・cm)，测得溶液的吸光度为 0.504，吸收池厚度为 1cm，求该溶液的浓度。

解：

$$c = \frac{A}{Kb} = \frac{0.504}{20.7 \times 1} = 0.0243(\text{g/L})$$

答：该溶液的浓度为 0.0243g/L。

（2）对照法（又称比较法）　在相同的条件下分别配制浓度相近的样品溶液和标准溶液，然后在规定的波长处，分别测定其吸光度后，再计算被测溶液的浓度。根据朗伯-比尔定律：

$$A_{样} = K_{样} c_{样} b_{样}$$

$$A_{标} = K_{标} c_{标} b_{标}$$

因为是同种物质，同台仪器，相同厚度吸收池及同一波长测定，则：

$$K_{样} = K_{标}$$

$$b_{样} = b_{标}$$

所以：

$$c_{样} = \frac{A_{样}}{A_{标}} \times c_{标}$$

为了减小误差，比较法配制的标准溶液和样品溶液的浓度应相接近。

当测定不纯样品中某纯品的含量时，可先配制相同浓度的不纯样品溶液（$c_{原样}$）和标准品溶液（$c_{标}$），即 $c_{原样} = c_{标}$，设 $c_{样}$ 为 $c_{原样}$ 溶液中纯品被测物的浓度。在最大吸收波长处分别测定其吸光度值，即可直接计算出样品中被测组分的含量。

$$\omega_{纯被测组分} = \frac{c_{样}}{c_{原样}} = \frac{c_{标} \times \frac{A_{样}}{A_{标}}}{c_{原样}} = \frac{A_{样}}{A_{标}}$$

【例 3-5】 不纯的 $KMnO_4$ 样品与标准品 $KMnO_4$ 各准确称取 0.1500g，分别用 1000mL 容量瓶定容，摇匀。各取 10.00mL 稀释至 50.00mL，在 λ_{max}=525nm 处各测得 $A_{样}$ =0.250、$A_{标}$ = 0.280，计算样品中 $KMnO_4$ 的含量。

解：

$$c_{原样} = c_{标} = 0.1500 \times \frac{10.00}{50.00} = 30(\mu g/mL)$$

$$\omega(KMnO_4) = \frac{c_{样}}{c_{原样}} = \frac{c_{标} \times \frac{A_{样}}{A_{标}}}{c_{原样}} = \frac{A_{样}}{A_{标}} = \frac{0.250}{0.280} = 0.8929$$

答： 样品中 $KMnO_4$ 的含量为 0.8929。

（3）标准曲线法　标准曲线法是紫外-可见分光光度法中最经典的方法，又称工作曲线法。取数份（四份以上）梯度量的标准溶液，显色后，用溶剂稀释至同一体积，从而得到一系列浓度不同的标准溶液，分别测定各份溶液的吸光度，然后以浓度 c 为横坐标，吸光度 A 为纵坐标，绘制出 A-c 曲线，如图 3-14。在相同的条件下测出试样溶液的吸光度，最后，用试样溶液的吸光度在曲线上查得其对应的浓度，从而求出试样中待测组分的含量。或用标准溶液浓度和相应的吸光度值进行线性回归，求出回归方程。最后，将试样溶液的吸光度带入回归方程，求出试样溶液的浓度，从而计算出待测组分的含量。

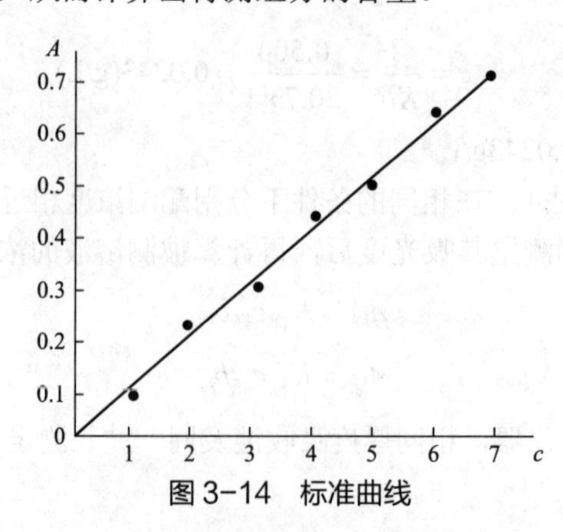

图 3-14　标准曲线

四、显色反应和显色条件的选择

1. 显色反应和显色剂

用可见分光光度法进行定量分析时，虽然许多化合物的溶液都能选择性地吸收可见光的辐射，但摩尔吸光系数往往很小，不便于检测。因此，在无机分析中应用离子自身的吸光特性直接进行分析的情况较少，通常是先将待测离子通过某种显色反应转变为可见光区摩尔吸光系数较大［如 $\varepsilon>10^4$L/(mol·cm)］并便于检测的有色化合物，再进行测定。这就需要在待测物质中加入适当的试剂，使其转变为有色物质。将待测组分与化学试剂作用生成有色化合物的反应叫显色反应，显色反应主要是氧化还原反应或配位反应，配位反应应用最普遍；与待测组分生成有色化合物的化学试剂称为显色剂。显色剂有无机显色剂和有机显色剂两大类，有机显色剂由于能与许多金属离子生成性质稳定且具有特征颜色的化合物，所以被广泛应用。

2. 显色反应必须具备的条件

① 选择性好。一种显色剂最好只与一种待测组分起显色反应，干扰小或干扰易消除，或显色剂与待测组分和干扰离子生成的有色化合物的吸收峰相隔较远。

② 灵敏度高。灵敏度高的显色反应有利于微量组分的测定。灵敏度的高低，可以用摩尔吸光系数的大小判断，ε 值大，灵敏度高；ε 值小，灵敏度低。但灵敏度高的显色反应，选择性不一定好。高含量组分，选用选择性好的显色反应；低含量组分，选用 ε 大的显色反应。一般要求显色反应生成的有色化合物的摩尔吸光系数 ε 在 10^3～10^5L/(mol·cm)。

③ 生成的有色化合物组成恒定，符合一定的化学式，化学性质稳定。

④ 若显色剂有颜色，则要求生成的有色化合物与显色剂之间的颜色差别要大。一般要求二者的 λ_{max} 之差大于 60nm。

⑤ 显色过程要易于控制。如果显色反应条件要求过于严格，难以控制，测定的再现性就差，这样容易造成误差，影响分析结果的准确度。

3. 显色条件的选择

（1）显色剂的用量　显色剂的用量是通过实验确定的。在固定待测组分浓度和其它条件的情况下，分别加入不同量的显色剂，测定吸光度，作吸光度随显色剂浓度变化的曲线，选取吸光度恒定时的显色剂用量（显色剂一般过量 20%～50%）。

（2）溶液的酸度　可通过实验来确定显色反应的适宜酸度。方法是固定溶液中待测组分和显色剂的浓度，改变溶液的 pH（一般加缓冲溶液来控制），分别测定不同 pH 溶液的吸光度。以吸光度 A 为纵坐标，以 pH 为横坐标作图，吸光度恒定时所对应的 pH 区间，即为最适宜的 pH 范围。

（3）显色时间　显色反应的速率有快有慢，速率快的显色反应几乎瞬间完成，颜色很快达到稳定状态，并能保持较长时间。大多数显色反应需要足够的时间才能反应完全。另外，由于有色配合物的稳定时间不相同，必须在颜色稳定的时间内进行测定。可通过实验来选择合适的显色及测量时间。实验方法是配制一份显色溶液，从加入显色剂开始计算时间，每隔几分钟测一次吸光度，绘制吸光度随时间变化的曲线，吸光度基本恒定时所对应的时间区间，即为适宜的时间范围。

（4）显色温度　一般显色反应是在室温下完成的。但有的显色反应需要加热才能完成，有些有色物质在高温下容易分解。受温度影响较大的显色反应，需要对反应温度进行选择和控制。

（5）干扰物质的影响及消除　在分光光度法分析中，样品中共存的干扰物质的影响主要有两种情况：一是干扰物质本身有颜色，二是干扰物质与显色剂反应生成了有色化合物。这些情况都会干扰分析。消除干扰物质的常用方法有：

① 控制酸度。控制显色溶液的酸度是消除干扰简便且重要的方法。许多显色剂为有机弱酸，控制溶液的酸度使待测离子显色（即形成吸光物质），干扰离子不显色。例如用磺基水杨酸作显色剂测定 Fe^{3+} 时，Cu^{2+} 有干扰，可以调节溶液的 pH=2.5，就能够消除其干扰。

② 加入适当的掩蔽剂。在显色溶液里加入一种能与干扰离子反应形成稳定的无色配合物的试剂（掩蔽剂），是一种有效且常用的方法。例如，用磷钼蓝分光光度法测定 PO_4^{3-} 时，大量 Fe^{3+} 对测定有影响，可加入 NaF 作掩蔽剂，将 Fe^{3+} 转化为 $[FeF_6]^{3-}$，从而消除 Fe^{3+} 的干扰。

③ 分离干扰离子。采用有机溶剂萃取、离子交换和蒸馏挥发等分离的方法消除干扰离子。

④ 通过选择适当的波长和参比溶液来消除干扰离子的影响。

【任务实施】

紫外-可见分光光度法测定水中微量铁

一、任务说明

紫外-可见分光光度法测定水中微量铁，通常要经过两个过程，一是显色过程，二是测量过程。为了使测定结果有较高的灵敏度和准确度，必须选择合适的显色条件和测量条件。邻二氮菲是测定微量铁的一种较好的显色剂，它与 Fe^{2+} 在 pH 为 2.0～9.0 的溶液中生成稳定的橙红色配合物，在还原剂存在下，颜色可保持几个月不变。显色反应为：

$$Fe^{2+} + 3C_{12}H_8N_2 \longrightarrow [Fe(C_{12}H_8N_2)_3]^{2+}$$

生成的配位化合物的摩尔吸光系数 $\varepsilon=1.1\times10^4 L/(mol \cdot cm)$，最大吸收波长为 510nm。

Fe^{3+} 与邻二氮菲生成淡蓝色配位化合物，在加入显色剂之前，须用盐酸羟胺（或对苯二酚）将 Fe^{3+} 还原为 Fe^{2+}。

$$2Fe^{3+} + 2NH_2OH \cdot HCl \longrightarrow 2Fe^{2+} + N_2\uparrow + 2H_2O + 4H^+ + 2Cl^-$$

二、任务准备

1. 仪器

分析天平（0.0001g），50mL、500mL 烧杯，可见分光光度计，1000mL 容量瓶，100mL 容量瓶，50mL 容量瓶，10mL 移液管，10mL 吸量管等。

2. 试剂

① 100.0μg/mL 铁标准贮备液。准确称取 0.8634g $NH_4Fe(SO_4)_2 \cdot 12H_2O$ 置于烧杯中，加入 6mol/L HCl 溶液 20mL 和少量蒸馏水，溶解后，转移入 1000mL 容量瓶中，定容，摇匀。

② 100g/L 盐酸羟胺溶液（新鲜配制）。称取 100g 盐酸羟胺溶于 1000 mL 水中。

③ 1.5g/L 邻二氮菲溶液（新鲜配制）。称取 1.50g 邻二氮菲，先用少许酒精溶解，再用水稀释至 1000mL。

④ HAc-NaAc 缓冲溶液（pH≈5.0）。称取 136g NaAc，加水使之溶解，再加入 120mL 冰醋酸（HAc），加水稀释至 500mL。

⑤ 试样。未知水样。

三、工作过程

1. 10.0μg/mL 铁标准溶液的配制

用移液管准确吸取 10.00mL 100.0μg/mL 铁标准贮备液于 100mL 容量瓶中，加水稀释到刻度，摇匀。

2. 标准系列溶液的配制

用吸量管吸取 10.0μg/mL 铁标准溶液 0.00mL、1.00mL、2.00mL、4.00mL、6.00mL、8.00mL、10.00mL，分别加入 7 个干净的 50mL 容量瓶中，分别加入 100g/L 盐酸羟胺溶液 1mL，摇匀后，再分别加入 1.5g/L 邻二氮菲溶液 2mL 和 HAc-NaAc 缓冲溶液 5mL，分别加蒸馏水稀释至刻度，充分摇匀，放置 5～10min，其铁质量浓度分别为 0.00μg/mL（试剂空白）、0.20μg/mL、0.40μg/mL、0.80μg/mL、1.20μg/mL、1.60μg/mL、2.00μg/mL。

3. 试样溶液的配制

取 3 个干净的 50 mL 容量瓶，分别加入 5.00mL 未知水样（以吸光度落在工作曲线中部为宜），依次分别加入 100g/L 盐酸羟胺溶液 1mL，1.5g/L 邻二氮菲溶液 2mL 和 HAc-NaAc 缓冲溶液 5mL，摇匀后，分别加蒸馏水稀释至刻度，充分摇匀，放置 5～10min。

4. 吸收曲线的绘制

用 1cm 的比色皿，以试剂空白作参比，质量浓度为 1.20μg/mL 铁标准溶液为测试液，在 400～600nm 波长范围内每隔 10nm 测定一次吸光度，在峰值附近每间隔 5nm 测一次。然后以波长为横坐标，吸光度为纵坐标，绘制吸收曲线，并确定最大吸收波长（λ_{max}）。

5. 标准系列溶液和试样溶液吸光度的测定

用 1cm 的比色皿，以试剂空白作参比，选择 λ_{max} 为测定波长，分别测定标准系列溶液的吸光度。以铁的质量浓度为横坐标，吸光度 A 为纵坐标，绘制标准曲线。同样，在 λ_{max} 处，用 1cm 比色皿，以试剂空白作参比，测定试样溶液的吸光度 A。平行测定 3 次。

6. 结束工作

测定完毕，关闭电源。取出吸收池，清洗晾干后入盒保存，清理工作台，填写仪器使用记录。

四、数据记录与处理

1. 绘制吸收曲线

绘制吸收曲线，并确定最大吸收波长。

2. 绘制标准曲线

绘制标准曲线，并由未知试样的吸光度平均值，从标准曲线上查得对应的铁的质量浓度（ρ_x），进而根据稀释倍数（n）求得未知试样中铁的质量浓度（ρ）。

$$\rho = \rho_x n$$

标准曲线的绘制

测量波长____nm　　　　　　　吸收池_____cm

溶液编号	吸取标液体积/mL	ρ/(μg/mL)	A
1			
2			
3			
4			
5			
6			
7			

未知水样中铁含量的测定

项目	1	2	3
A			
ρ_x/(μg/mL)			
ρ/(μg/mL)			
未知水样中铁含量的平均值/(μg/mL)			

【巩固提高】

1. 某试液用 1 cm 比色皿测量时，T_1=50%，若改用 2cm 比色皿，其它条件不变，T_2 及 A_2 分别等于多少？

2. 用邻二氮菲光度法测定铁含量时，测得其浓度为 c 时的透光率为 T。当铁浓度变为 $2c$ 时，在相同测定条件下的透光率为多少？

3. 邻二氮菲分光光度法测定铁时，为何要加入盐酸羟胺溶液？

4. 吸收曲线与标准曲线有何区别？在实际应用中有何意义？

子任务 2　原子吸收光谱法测定水中微量铜

【任务目标】

知识目标

1. 熟悉原子吸收光谱分析的基本原理、基本特点和方法。
2. 熟悉原子吸收光谱仪的基本结构、分析流程和基本操作。
3. 初步学习火焰原子吸收光谱法测量条件的选择方法。
4. 初步掌握使用标准曲线法测定微量元素的实验方法。

能力目标

1. 能够用原子吸收光谱分析技术解决一些实际问题。

2. 能按标准检测要求规范完成操作规程。

3. 初步掌握原子吸收分光光度仪的使用。

素质目标

1. 树立团队协作精神，培养良好的工作习惯。

2. 理论为实践服务，树立崇高的职业道德。

【知识储备】

一、原子吸收光谱法的基本原理

由待测元素空心阴极灯发射出一定强度和一定波长的特征谱线的光，当它通过含有待测元素基态原子蒸气的火焰时，其中部分特征谱线的光被吸收，而未被吸收的光经单色器，照射到光电检测器上被检测，根据该特征谱线被吸收的程度，即可测得试样中待测元素的含量。

由于原子吸收光谱分析是测量峰值吸收，因此需要能发射出共振线锐线光作光源，用待测元素空心阴极灯能满足这一要求。例如测定试液中镁时，可用镁元素空心阴极灯作光源，这种元素灯能发射出镁元素各种波长的特征谱线的锐线光（通常选用285.2nm共振线）。特征谱线被吸收的程度，可用朗伯-比尔定律表示：

$$A = \lg\frac{I_0}{I} = KbN_0$$

式中，A为吸光度；K为吸光系数；b为吸收层厚度，即燃烧器的缝长，在实验中为一定值；N_0为待测元素的基态原子数。由于在火焰温度下待测元素原子蒸气中的基态原子的分布占绝对优势，因此，在原子蒸气中，可以近似地认为基态原子数N_0等于火焰吸收层中的原子总数N。当试液原子化效率一定时，因试液中待测元素的浓度c与在火焰吸收层中的原子总数成正比，因此上式可写作：

$$A = K'c$$

式中，K'在一定实验条件下是一常数，即吸光度与浓度成正比，遵循比尔定律。因此，通过测定吸光度即可以求出待测元素的浓度。

二、原子吸收光谱法的特点

原子吸收光谱法（AAS）是基于物质所产生的原子蒸气中基态原子对特征谱线（通常为待测元素的共振线）的吸收作用而建立起来的分析方法，又称为原子吸收分光光度法。共振线是共振吸收线（吸收光谱）和共振发射线（发射光谱）的简称。共振吸收线是元素的特征谱线。例如，基态钠原子可吸收波长为589.0nm的光量子，镁原子可吸收波长为285.2nm的光量子。

用于原子吸收光谱分析的仪器为原子吸收分光光度计或原子吸收光谱仪，它是物质产生的原子蒸气对特定谱线的吸收作用进行定量分析的装置。

原子吸收光谱分析的优点：选择性好；灵敏度高；准确度高，火焰原子吸收光谱法的测定误差一般为1%～2%；操作简便；分析速度快；应用广泛。

局限性：一般一次只能测定一种元素，不能同时进行多元素分析。测定不同元素时，需要更换相应的元素空心阴极灯，给试样中多元素的同时测定带来不便。对难熔元素（如W）、非金属元素测定较困难。

三、原子吸收分光光度计

原子吸收分光光度计种类很多，但不管何种原子吸收分光光度计，基本结构都相似，即由光源、原子化器、单色器和检测器四大主要部件组成。现以单道单光束火焰原子吸收分光光度计的基本结构为例，简要说明其主要部件的作用。

1. 光源

（1）锐线光源　锐线光源是发射线半宽度远小于吸收线半宽度的光源，其作用是发射被测元素的特征共振辐射。空心阴极灯是符合上述要求的理想锐线光源，应用广泛。

（2）高强度的稳定连续光谱　连续光源原子吸收光谱仪采用特制的高聚焦短弧氙灯作为连续光源，在高频高电压激发下形成高聚焦弧光放电，辐射出从紫外线到红外线的强连续光谱。不需预热，开机即可测量。

2. 原子化器

完成原子化过程的装置称为原子化器或原子化系统。原子化器的作用是将试样中的待测元素转变成气态的能吸收特征辐射的基态原子。常用的原子化系统有：火焰原子化系统、石墨炉原子化系统、低温原子化系统。

3. 单色器

单色器的作用是把待测元素的共振线与其他干扰谱线分离开来，只让待测元素的共振线通过。常用的单色器有石英棱镜和光栅，后者用得较多。

4. 检测器

检测系统包括检测器、放大器、对数转换器、显示器几部分，其核心部件是检测器。检测器的作用是将单色器分出的光信号进行光电转换。由检测器输出的信号，用放大器放大后，得到的只是透光率读数。为了在指示仪表上指出与浓度呈线性关系的吸光度值，就必须将信号进行对数转换，然后由指示仪表指出。当前原子吸收光谱仪中常用的检测器有光电倍增管和固态检测器。

【任务实施】

一、任务说明

原子吸收光谱法是基于从光源发射的被测元素的特征谱线通过样品蒸气时，被蒸气中待测元素基态原子吸收，由谱线的减弱程度求得样品中被测元素的含量。谱线的吸收与原子蒸气的浓度遵循比尔定律，这是本方法的定量分析基础。

测定时，首先将被测样品转变为溶液，经雾化系统导入火焰中，在火焰原子化器中，经过喷雾燃烧完成干燥、熔融、挥发、解离等一系列过程，使被测元素转化为气态基态原子。本任务采用标准曲线法测定水样中微量铜的含量。

二、任务准备

1. 仪器

AA7003 型原子吸收分光光度计、铜空心阴极灯、25mL 容量瓶、5mL 吸量管。

2. 试剂

① 1000μg/mL 铜标准贮备液。称取 3.929g 新结晶的 $CuSO_4 \cdot 5H_2O$ 于水中，溶解后，转入 1000mL 容量瓶中稀释定容，摇匀。

② 25μg/mL 铜标准溶液。准确吸取 25.00mL 1000μg/mL 铜标准贮备液于 1000mL 容量瓶中，用 0.1mol/L HNO_3 溶液稀释定容，摇匀。

③ 含铜未知水样。

3. 仪器操作条件

① 光源。Cu 空心阴极灯，灯电流 3.5mA。

② 波长。324.8nm。

③ 狭缝宽度。0.1nm。

④ 压缩空气压力。0.2～0.3MPa。

⑤ 乙炔压力。0.06～0.07MPa，乙炔流量 2L/min。

⑥ 燃烧器高度。6～7mm。

4. 火焰原子吸收光谱法测定的操作流程

（1）开机流程

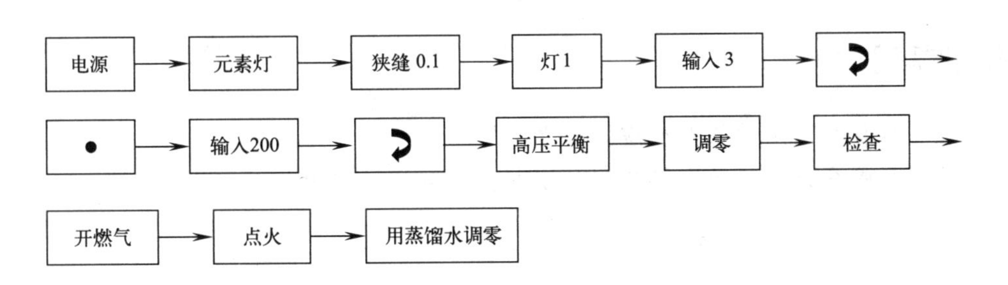

其注意事项为：

① [•]表示高压值。

② 开燃气的操作步骤为：打开空气压缩机，先开红灯，再开绿灯。使用时，燃气为乙炔气体，助燃气为空气。打开助燃气开关，调节表盘数值为 0.3MPa，打开燃气开关，调节表盘数值为 0.05～0.07MPa。

③ 乙炔钢瓶的使用：打开主阀，将减压阀调节至表盘数值显示为 0.15 左右。

（2）关机流程

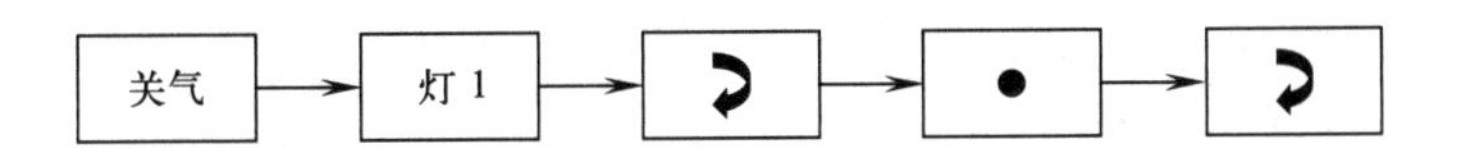

三、工作过程

1. 铜标准系列溶液的配制

用吸量管准确吸取25μg/mL铜标准溶液0mL、0.50mL、1.00mL、2.00mL、3.00mL、4.00mL，分别移入6个25mL容量瓶中，分别加入0.1mol/L HNO_3溶液5mL，然后用蒸馏水稀释至刻度，摇匀，备用。

2. 含铜水样的配制

准确吸取1.00mL含铜未知水样于25mL容量瓶中，加0.1mol/L HNO_3溶液5mL，用水稀释至刻度，摇匀，备用。

3. 测定标准系列溶液的吸光度及水样溶液的吸光度

根据仪器操作条件，用原子吸收分光光度计，在波长324.8nm处，用最佳条件以空白溶液为零点，标准溶液按由低浓度到高浓度的顺序，依次测定标准系列溶液的吸光度及水样溶液的吸光度。以吸光度对浓度作图，得到其标准曲线及水样溶液的浓度ρ。

四、数据记录与处理

计算水样中铜的浓度：

$$\rho_{原}(Cu)=\frac{25.00\rho}{1.00}$$

式中　ρ——水样溶液中Cu的质量浓度，μg/mL；

$\rho_{原}(Cu)$——未知水样中Cu的质量浓度，μg/mL。

【巩固提高】

1. 原子吸收光谱法的基本原理是什么？
2. 原子吸收分光光度计由哪几部分组成？各部分的作用如何？

项目四　化学需氧量测定

任务1　测定生活用水的化学需氧量

子任务1　配制和标定高锰酸钾标准溶液

【任务目标】

知识目标

1. 学习 $KMnO_4$ 标准溶液的配制方法。
2. 掌握高锰酸钾标准溶液的标定原理，了解滴定的特点。
3. 掌握用高锰酸钾自身作指示剂确定滴定终点。

能力目标

1. 能按标准检测要求规范完成操作规程。
2. 能按照要求准确填写高锰酸钾标准溶液制备的原始记录表。
3. 能分析检验误差产生的原因，并能正确修正。

素质目标

1. 树立辩证唯物主义世界观，培养严谨的科学态度。
2. 理论联系实际，激发学生学习分析化学的兴趣。
3. 树立崇高的职业道德。

【知识储备】

一、氧化还原滴定法概述

氧化还原滴定法是以氧化还原反应为基础的滴定分析方法。它以氧化剂或还原剂为滴定剂，直接滴定一些具有还原性或氧化性的物质；或者间接滴定一些本身并不具有氧化还原性，但能与某些氧化剂或还原剂起反应的物质。

氧化还原滴定法应用广泛，它不仅用于无机分析，也可广泛用于有机分析。氧化还原滴定法习惯上根据标准溶液所用氧化剂或还原剂的不同分为高锰酸钾法、重铬酸钾法、碘量法、溴酸盐法、钒酸盐法、铈量法等。常用的氧化还原滴定法主要有高锰酸钾法、重铬酸钾法和碘量法等。

下面将具体介绍高锰酸钾法。

1. 高锰酸钾法原理

高锰酸钾法是利用高锰酸钾标准溶液进行滴定的方法。高锰酸钾是一种强氧化剂，它的氧化能力和还原产物都与溶液的酸度有关。在强酸性介质条件下，其反应为：

$$MnO_4^- + 8H^+ + 5e^- \longequal Mn^{2+} + 4H_2O$$

在弱酸性、中性及弱碱性介质条件下，高锰酸钾被还原生成褐色水合二氧化锰（$MnO_2 \cdot H_2O$）沉淀，使溶液混浊，妨碍终点的观察；在强碱性介质条件下，MnO_4^-被还原为MnO_4^{2-}，MnO_4^{2-}溶液为绿色，也不利于终点的观察。同时在该条件下的电极电位减小（即氧化性减弱）亦不利于滴定分析。故一般使滴定介质为强酸性溶液。通常选用 1mol/L H_2SO_4 溶液进行酸化，HCl 溶液中的Cl^-具有还原性，HNO_3具有氧化性，会干扰滴定反应，故不能选用。高锰酸钾法的终点颜色变化为无色到刚出现浅粉红色并保持 30s 不褪色。

2. 高锰酸钾法特点

（1）高锰酸钾法的优点

① $KMnO_4$的氧化能力强，可氧化许多还原性物质，高锰酸钾法是应用较广的一种氧化还原滴定法。

② 高锰酸钾溶液呈紫红色，强酸性溶液中还原为近似无色的Mn^{2+}，颜色变化明显，因此一般不需另加指示剂。

（2）高锰酸钾法的缺点

① 选择性差，标准溶液不够稳定。由于$KMnO_4$氧化能力强，能和很多还原性物质发生反应，所以干扰严重，滴定的选择性差。$KMnO_4$能与水中微量的有机物，空气中的尘埃、氨等还原性物质作用析出 $MnO(OH)_2$ 沉淀，还能自行分解。一般不能获得纯品，故不能直接配制标准溶液。

② $KMnO_4$还原为Mn^{2+}的反应，在常温下进行得较慢。因此，在滴定较难氧化的物质如$Na_2C_2O_4$等时，常需加热。但滴定Fe^{2+}、H_2O_2等不必加热，开始滴定时速度不宜过快。

二、氧化还原滴定指示剂

1. 氧化还原指示剂

该类指示剂本身具有氧化还原性质。由于其氧化型和还原型具有不同的颜色，在滴定至化学计量点时滴入稍过量的滴定剂就可实现指示剂的形态改变，从而根据指示剂颜色的变化判断终点的到达。表 4-1 列出了几种常见的氧化还原指示剂。

2. 自身指示剂

氧化还原滴定中，利用滴定剂自身颜色变化指示滴定终点的叫自身指示剂。如高锰酸钾法，在酸性介质中紫色的高锰酸钾被还原后生成近乎无色的Mn^{2+}，滴定至化学计量点时，稍过量半滴的$KMnO_4$溶液就可使溶液由无色变为浅粉红色，从而指示滴定终点。

表 4-1　常见的氧化还原指示剂

指示剂	Φ/V [H$^+$]=1mol/L	颜色		配制方法
		氧化态	还原态	
次甲基蓝	0.36	蓝	无色	0.05%水溶液
二苯胺磺酸钠	0.84	紫红	无色	0.5%水溶液
邻苯氨基苯甲酸	0.89	紫红	无色	0.1g 指示剂溶于 20mL5%Na_2CO_3 溶液中，用水稀释至 100mL
邻二氮菲亚铁	1.06	浅蓝	红色	0.695g$FeSO_4 \cdot 7H_2O$，1.485g 邻二氮菲，用水稀释至 100mL

3. 专用指示剂

某种试剂如能与标准溶液或被滴定物产生显色反应，就可以利用该试剂作指示剂。如碘量法中，用淀粉溶液作指示剂，是因淀粉遇碘变蓝，由此现象的出现或消失判断终点的到达。该淀粉溶液被称为专用指示剂。

【任务实施】

一、任务说明

高锰酸钾不属于基准物质，必须采用间接法配制，即先配制成一近似浓度的溶液，然后再进行标定。用来标定 $KMnO_4$ 的基准物质有纯铁丝、$Na_2C_2O_4$、$H_2C_2O_4 \cdot 2H_2O$、$(NH_4)_2Fe(SO_4)_2 \cdot 6H_2O$ 等，其中常用的是 $Na_2C_2O_4$，它易于提纯，性质稳定，在 105～110℃烘至恒重，冷却至室温即可使用。

在热的硫酸介质中，MnO_4^- 与 $C_2O_4^{2-}$ 反应如下：

$$2MnO_4^- + 5C_2O_4^{2-} + 16H^+ = 2Mn^{2+} + 10CO_2\uparrow + 8H_2O$$

标定时，以高锰酸钾自身作指示剂，用待标定的 $KMnO_4$ 溶液进行滴定至溶液呈浅粉红色，30s 内不褪色即为终点。

为了使标定反应定量进行，必须控制滴定的条件：

① 温度。此反应室温下较慢，需加热至 75～85℃滴定。但温度不能高于 90℃，否则 $H_2C_2O_4$ 分解，导致标定结果偏高。滴定完毕时，需要温度不低于 60℃。

② 酸度。溶液应保持足够的酸度，一般滴定开始的适宜酸度为 1mol/L，并在 H_2SO_4 介质中进行。

③ 滴定速率。开始滴定时，反应较慢，因此，滴定速度应慢些。应该等第一滴 $KMnO_4$ 溶液褪色后，再加入第二滴。此后，因反应生成的 Mn^{2+}有自动催化作用而加快了反应速率，随之可适当加快滴定速度，但不宜过快，否则加入的 $KMnO_4$ 溶液会因来不及与 $C_2O_4^{2-}$ 反应，就在热的酸性溶液中分解，导致标定结果偏低。接近终点时又要适当减慢滴定速度。

$$4MnO_4^- + 12H^+ = 4Mn^{2+} + 5O_2\uparrow + 6H_2O$$

如果滴定前加入少量的 $MnSO_4$ 为催化剂，则在滴定的最初阶段就可以较快的速度滴定。

④ 终点判断。稍过量的 $KMnO_4$ 溶液使溶液呈浅粉红色 30s 不褪色即为终点。滴定至终点

后，溶液出现的浅粉红色不能持久，这是因为空气中的还原性物质能使高锰酸钾还原而褪色。

标定好的 $KMnO_4$ 标准溶液在放置一段时间后，若发现有 $MnO(OH)_2$ 沉淀析出，应重新过滤并标定。

二、任务准备

1. 仪器

电子天平，称量瓶，药匙，25mL 棕色酸式滴定管、1000mL 棕色试剂瓶，100mL、1000mL 烧杯，250mL 容量瓶，25mL 移液管，250mL 锥形瓶，10mL、50mL 量筒。

2. 试剂

高锰酸钾（分析纯）、3mol/L H_2SO_4 溶液、草酸钠（基准试剂）。

三、工作过程

1. 高锰酸钾标准溶液的配制

配制 0.02mol/L 的 $KMnO_4$ 溶液 1000mL。配制方法为：称取 $KMnO_4$ 3.2g，加水 1000mL，加热至沸且保持微沸约 1h，密封，静置 2～3d，用微孔玻璃漏斗或玻璃棉漏斗滤去 $MnO_2 \cdot H_2O$ 等沉淀杂质（不能用滤纸）。滤液装入棕色细口瓶中，贴上标签，阴暗处保存备用。

2. 高锰酸钾标准溶液的标定

准确称取 1.4～1.5g 基准物质 $Na_2C_2O_4$ 于烧杯中，加适量的蒸馏水完全溶解后，转入 250mL 容量瓶中稀释定容，摇匀。用移液管移取 25.00mL 该溶液置于 250mL 的锥形瓶中，加 3mol/L H_2SO_4 溶液 10mL，75～85℃水浴加热至有大量蒸气冒出（3～5min），趁热用高锰酸钾溶液滴定。开始滴定时反应慢，滴入第 1 滴 $KMnO_4$ 溶液褪色后再滴第 2 滴。等滴入几滴 $KMnO_4$ 溶液生成的 Mn^{2+} 起催化作用后，反应加快，滴定速度随之加快。接近终点应减慢滴定速度，直到溶液呈现浅粉红色在 30s 内不褪色为终点，记录消耗 $KMnO_4$ 溶液的体积。平行标定 3 次。同时做空白试验。

空白试验用 25.00mL 蒸馏水替代 25.00mL $KMnO_4$ 溶液，其余步骤同上。

四、数据记录与处理

$KMnO_4$ 溶液的物质的量浓度可按下式计算：

$$c(KMnO_4)=\frac{\frac{2}{5}\times m(Na_2C_2O_4)\times\frac{25.00}{250.0}}{M(Na_2C_2O_4)(V-V_0)\times\frac{1}{1000}}$$

式中 $c(KMnO_4)$——$KMnO_4$ 溶液的准确浓度，mol/L；

$m(Na_2C_2O_4)$——所称草酸钠的质量，g；

$M(Na_2C_2O_4)$——草酸钠的摩尔质量，g/mol；

V——滴定时所消耗高锰酸钾溶液的体积，mL；

V_0——空白试验时所消耗高锰酸钾溶液的体积，mL。

KMnO$_4$标准溶液的标定

项目		1	2	3
基准物质 $Na_2C_2O_4$	m（倾样前）/g			
	m（倾样后）/g			
	m（$Na_2C_2O_4$）/g			
	配制 $Na_2C_2O_4$ 溶液的体积/mL			
移取 $Na_2C_2O_4$ 溶液的体积/mL				
$KMnO_4$ 溶液初读数/mL				
$KMnO_4$ 溶液终读数/mL				
滴定消耗 $KMnO_4$ 溶液的体积/mL				
体积校正值/mL				
溶液温度/℃				
温度补正值				
溶液温度校正值				
实际消耗 $KMnO_4$ 标准溶液的体积/mL				
V_0（空白值）/mL				
$KMnO_4$ 标准溶液的浓度/（mol/L）				
$KMnO_4$ 标准溶液的平均浓度/（mol/L）				
平行测定的相对极差/%				

五、注意事项

① 蒸馏水中常含有少量的还原性物质，使 $KMnO_4$ 还原为 $MnO_2 \cdot nH_2O$。市售高锰酸钾内含的细粉状的 $MnO_2 \cdot nH_2O$ 能加速 $KMnO_4$ 的分解，故通常将 $KMnO_4$ 溶液煮沸一段时间，冷却后，还需放置 2～3d，使之充分作用，然后将沉淀物过滤除去。

② 在室温条件下，$KMnO_4$ 与 $C_2O_4^{2-}$ 之间的反应速率缓慢，故通过加热提高反应速率。但温度又不能太高，如温度超过 90℃则有部分 $H_2C_2O_4$ 分解，反应式如下：

$$H_2C_2O_4 = CO_2\uparrow + CO\uparrow + H_2O$$

③ 草酸钠溶液的酸度在开始滴定时，约为 1mol/L，滴定终点时，约为 0.5mol/L，这样能促使反应正常进行，并且防止 MnO_2 的形成。滴定过程如果发生棕色混浊（MnO_2），应立即加入 H_2SO_4 补救，使棕色混浊消失。

④ 开始滴定时，反应很慢，在第一滴 $KMnO_4$ 还没有完全褪色以前，不可加入第二滴。当反应生成能使反应加速进行的 Mn^{2+}后，可以适当加快滴定速度，但过快会使局部 $KMnO_4$ 过浓而分解，放出 O_2 或引起杂质的氧化，都可造成误差。

如果滴定速度过快，部分 $KMnO_4$ 将来不及与 $Na_2C_2O_4$ 反应，而会按下式分解：

$$4MnO_4^- + 4H^+ = 4MnO_2 + 3O_2\uparrow + 2H_2O$$

⑤ $KMnO_4$ 标准溶液滴定时的终点较不稳定，当溶液出现浅粉红色，在 30s 内不褪色时，滴定就可认为已经完成，如对终点有疑问时，可先将滴定管读数记下，再加入 1 滴 $KMnO_4$ 标准溶液，发生紫红色即证实终点已到。

⑥ $KMnO_4$ 标准溶液应放在酸式滴定管中，由于 $KMnO_4$ 溶液颜色很深，液面凹下弧线不易看出，因此，应该从液面最高处读数。

【巩固提高】

1. 本实验产生误差的主要来源是什么?

2. $Na_2S_2O_4$ 标定 $KMnO_4$ 溶液，滴定反应的介质条件为何必须为强酸性？可用什么酸来调节溶液酸性?

3. 标定时溶液的温度为何需控制在 75～85℃时滴定？温度过低（<60℃）及过高（>90℃）有何不妥?

子任务2　高锰酸钾法测定生活用水的化学需氧量

【任务目标】

知识目标

1. 初步了解环境分析的重要性及水样的采集和保存方法。
2. 对水样中需氧量 COD 与水体污染的关系有所了解。
3. 掌握高锰酸钾法测定水中 COD 的原理及方法。

能力目标

1. 能按标准检测要求规范完成操作规程。
2. 能按照要求准确填写污水中化学需氧量测定的原始记录表。
3. 能分析检验误差产生的原因，并能正确修正。

素质目标

1. 树立崇高的职业道德。
2. 养成务实、求真、严谨的科学态度。

【知识储备】

一、化学需氧量概述

化学需氧量又称化学耗氧量，简称 COD，是指在规定条件下，用氧化剂处理水样时，与消耗的氧化剂相当的氧的量，即 1L 水中含有的还原性物质（主要是有机物、亚硝酸盐、亚铁盐、硫化物等），在一定条件下被氧化剂氧化时，所消耗的氧化剂的量，以 O_2（mg/L）计。COD 反映了水体受还原性物质污染的程度，是水质污染程度的重要指标之一。水被有机物污染是很普遍的，因此 COD 也作为有机物相对含量的指标之一。

二、化学需氧量测定原理

水样 COD 的测定，会因加入氧化剂的种类和浓度及反应溶液的温度、酸度和时间，以及催化剂的存在与否而得到不同的结果。因此，COD 是一个条件性的指标，必须严格按操作步骤进行测定。

COD 的测定有几种方法，对于污染较严重的水样或工业废水，一般用重铬酸钾法（COD_{Cr}），对于一般水样可以用高锰酸钾法（COD_{Mn}）。由于高锰酸钾法是在规定的条件下所进行的反应，水中有机物只能部分被氧化，所以并不是理论上的全部需氧量，也不能反映水体中总有机物的含量。因此，常用高锰酸盐指数这一术语作为水质的一项指标，也有别于重铬酸钾法测定的化学需氧量。高锰酸钾法分为酸性法和碱性法两种，本任务采用酸性法测定水样的化学需氧量。

高锰酸钾在强酸条件下呈较强氧化性，可以使水样中的还原性物质氧化，过量的高锰酸钾可通过草酸钠测得。即水样中加入硫酸酸化后，准确加入一定量的 $KMnO_4$ 标准溶液，加热至沸，并沸腾 5min 左右，在酸性介质中 $KMnO_4$ 能氧化大部分的有机物（用“C”来代表有机物），因此其能将水中还原性物质氧化。反应后，准确加入过量的 $Na_2C_2O_4$ 标准溶液，使之与剩余的 $KMnO_4$ 标准溶液充分反应，再用 $KMnO_4$ 标准溶液返滴定过量的 $Na_2C_2O_4$ 标准溶液，将所消耗氧化剂的量换算为氧（O_2）的质量浓度（mg/L）从而得到水样的化学需氧量。其反应式如下：

$$4MnO_4^- + 5C + 12H^+ =\!=\!= 4Mn^{2+} + 5CO_2 + 6H_2O$$

$$2MnO_4^- + 5C_2O_4^{2-} + 16H^+ =\!=\!= 2Mn^{2+} + 10CO_2\uparrow + 8H_2O$$

取水样后应立即进行分析，如有特殊情况要放置时，可加入少量硫酸铜以抑制生物对有机物的分解。

必要时，应取与水样同量的蒸馏水，测定空白值，加以校正。

【任务实施】

一、任务准备

1. 仪器

分析天平，烧杯，50mL 棕色酸式滴定管，玻璃棒，胶头滴管，量筒，1000mL 容量瓶，称量瓶，25mL、10mL 移液管，10mL 吸量管，250mL 锥形瓶，电炉，烧结玻璃砂滤坩埚。

2. 试剂

（1）0.002mol/L $KMnO_4$ 标准滴定溶液　称取 3.3g 高锰酸钾，溶于 1050mL 水中，缓缓煮沸 15min，冷却，于暗处放置 2 周，用已处理过的 4 号烧结玻璃砂滤坩埚（在同样浓度的高锰酸钾溶液中缓缓煮沸 15min）过滤，记为高锰酸钾溶液 1，浓度记为 c_0。取 100mL 滤液，加入 1000mL 棕色容量瓶中，加水定容，摇匀，记为高锰酸钾溶液 2，浓度记为 c，则 $c=c_0/10$。

（2）0.005mol/L $Na_2C_2O_4$ 溶液　将基准物质草酸钠在 105℃下烘干 2h，在干燥器中冷却至室温，然后准确称取 0.6700g $Na_2C_2O_4$ 于小烧杯中，加 50mL 水溶解，转移至 1000mL 容量瓶中，定容，摇匀。

（3）10g/L Ag_2SO_4 饱和溶液　称取 1g 硫酸银，溶于 50mL 40%H_2SO_4 溶液中，稀释至 100mL，贮存于棕色试剂瓶中。

（4）40%H_2SO_4 溶液　量取 294mL 浓硫酸，缓慢注入 700mL 水中，冷却，稀释至 1000mL。

（5）H_2SO_4 溶液（1+3）　10mL 浓硫酸缓慢注入 30mL 水中，冷却。

二、工作过程

1. 高锰酸钾标准滴定溶液的配制

高锰酸钾标准滴定溶液的配制过程见试剂中“（1）0.002mol/L $KMnO_4$ 标准滴定溶液”部分。

2. 高锰酸钾标准滴定溶液的标定

准确称取 0.25g（称至 0.0001g）已于 105℃烘箱中干燥 2h 的基准试剂草酸钠，溶于 100mL 硫酸溶液（8+92），约 80℃水浴加热 3～5min，然后用配制的高锰酸钾溶液 1 滴定，近终点时约 65℃，继续滴定至溶液呈浅粉红色，并保持 30s 不褪色。平行滴定三次。同时做空白试验。

3. 水样中需氧量的测定

用移液管准确移取 25.00mL 水样，置于 250mL 锥形瓶中，加 50mL 水、5mL H_2SO_4 溶液（1+3）、5 滴硫酸银饱和溶液，然后再移取 10.00mL 高锰酸钾溶液 2 ；缓慢加热至沸腾后，再煮沸 5min，水样应为粉红色或无色（若为无色，则再加 10.00mL 高锰酸钾溶液 2；或者减少取样量，按上述过程重新煮沸 5min）。冷却至约 80℃，用移液管加 10.00mL $Na_2C_2O_4$ 标准溶液。充分摇匀，此时锥形瓶中溶液由红色变为无色透明，趁热用高锰酸钾溶液 2 滴至浅粉红色，30s 内不褪色即为终点。平行滴定三次，同时做空白试验。（原则：高锰酸钾过量，用草酸钠将过量的高锰酸钾还原，通过消耗的高锰酸钾的量来计算 COD）。

4. 空白样需氧量的测定

取与水样同量的蒸馏水按“水样中需氧量的测定”操作步骤做空白试验，测定空白值，记录数据。

三、数据记录与处理

高锰酸钾溶液 2 的浓度按式（4-1）计算：

$$c(\mathrm{KMnO_4})=\frac{1000m}{10M(\mathrm{Na_2C_2O_4})(V_1-V_2)}\times\frac{2}{5}=\frac{40m}{M(\mathrm{Na_2C_2O_4})(V_1-V_2)} \tag{4-1}$$

式中 m——草酸钠的质量，g；

V_1——滴定消耗高锰酸钾溶液的体积，mL；

V_2——空白试验消耗高锰酸钾溶液的体积，mL；

$M(\mathrm{Na_2C_2O_4})$——草酸钠的摩尔质量，133.9985g/mol。

水样中化学需氧量（COD）（以 O_2 质量浓度 ρ 计，单位为 mg/L），按式（4-2）计算：

$$\rho=\frac{1000\times(V_1-V_0)cM}{4V} \tag{4-2}$$

式中 V_1——测定水样时消耗的高锰酸钾标准滴定溶液的体积，mL；

V_0——空白试验消耗的高锰酸钾标准滴定溶液的体积，mL；

c——高锰酸钾溶液 2 的准确浓度，mol/L；

V——水样的体积，mL；

M——O_2 的摩尔质量，32.00g/mol。

取平行测定结果的算术平均值为测定结果，平行测定结果的绝对差值不大于 0.5mg/L。

$KMnO_4$溶液的标定

项目	1	2	3
$Na_2C_2O_4$的质量 m/g			
V_1/mL			
V_2/mL			
$c(KMnO_4)$ /(mol/L)			
$\bar{c}(KMnO_4)$ /(mol/L)			
个别测定绝对偏差			
相对平均偏差/%			

水样中化学需氧量（COD）的测定

项目	1	2	3
V_1/mL			
V_0/mL			
V/mL			
c/(mol/L)			
ρ/(mg/L)			
$\bar{\rho}$/(mg/L)			
个别测定绝对偏差			
相对平均偏差/%			

【巩固提高】

1. 水样加入高锰酸钾溶液经加热后，若紫红色消失说明什么？应如何采取措施？

2. 为了使草酸钠标定高锰酸钾溶液的反应能够定量地较快地进行，应该控制好哪些主要条件？并逐一分析。

3. 什么是水的化学需氧量 COD？

任务 2　测定工业废水中的化学需氧量

子任务 1　配制和标定重铬酸钾标准溶液

【任务目标】

知识目标

1. 学习 $K_2Cr_2O_7$ 标准溶液的配制方法。

2. 掌握 $K_2Cr_2O_7$ 标准溶液的标定原理，了解 $K_2Cr_2O_7$ 法滴定的特点。

3. 掌握用氧化还原指示剂确定滴定终点。

能力目标

1. 能按标准检测要求规范完成操作规程。

2. 能按照要求准确填写 $K_2Cr_2O_7$ 标准溶液制备的原始记录表。

3. 能分析检验误差产生的原因，并能正确修正。

素质目标

1. 注重理论联系实际，感受分析化学在日常生活中的应用，激发学生学习分析化学的热情。

2. 培养学生树立崇高的职业道德。

3. 帮助学生养成严谨、务实、求真的科学态度。

【知识储备】

一、重铬酸钾法原理

重铬酸钾法是以重铬酸钾作为标准溶液的氧化还原滴定法。重铬酸钾是一种较强的氧化剂，在酸性溶液中与还原剂作用时被还原为 Cr^{3+}，其还原反应为：

$$Cr_2O_7^{2-}+14H^++6e^-\longrightarrow 2Cr^{3+}+7H_2O$$

二、重铬酸钾法特点

$K_2Cr_2O_7$ 法与 $KMnO_4$ 法相比，有其自身特点：

① 重铬酸钾易制成高纯试剂，在150℃下烘干后即可作为基准物质，直接配制标准溶液。

② 重铬酸钾溶液非常稳定，密闭保存，其浓度可数年不变，即使煮沸也不分解。

③ 室温下，当 HCl 溶液浓度低于3mol/L 时，$Cr_2O_7^{2-}$ 不会氧化 Cl^-，因此，重铬酸钾法可在稀盐酸介质中滴定。

④ 选择性好，一般不会发生干扰。

三、重铬酸钾法指示剂的选择

重铬酸钾溶液为橙色，反应后生成的 Cr^{3+}为绿色，颜色变化不明显，滴定时须用指示剂指示滴定终点。重铬酸钾法常用的指示剂为二苯胺磺酸钠或邻二氮菲(亦称邻菲咯啉)亚铁（若体系本身含铁则用邻二氮菲）等。

四、重铬酸钾法的应用——未知试样中铁含量的测定

若试样为亚铁盐，将试样制成溶液；如果是含有三价铁的固体试样（如测定铁矿石中全铁含量），又有 $SnCl_2$-$HgCl_2$ 法和 $SnCl_2$-$TiCl_3$ 法（无汞测定法）。

1. $SnCl_2$-$HgCl_2$ 法

一般是先用热浓 HCl 溶解试样，再用 $SnCl_2$ 趁热将 Fe^{3+}还原为 Fe^{2+}，冷却后，过量 $SnCl_2$ 用 $HgCl_2$ 氧化，再用水稀释，然后在 H_2SO_4-H_3PO_4 混合酸介质中，以二苯胺磺酸钠为指示剂，

立即用重铬酸钾标准溶液滴定至溶液由绿变为紫红色，滴定反应为：

$$Cr_2O_7^{2-} + 6Fe^{2+} + 14H^+ \longrightarrow 2Cr^{3+} + 6Fe^{3+} + 7H_2O$$

$$\omega(Fe^{2+}) = \frac{6 \times c(K_2Cr_2O_7)V(K_2Cr_2O_7)M(Fe^{2+})}{m_{被测试样}} \times 100\%$$

加入 H_3PO_4 的目的是使 Fe^{2+}反应更完全。此外，由于生成了无色且稳定的$[Fe(HPO_4)]^+$，消除了 Fe^{3+}的黄色，有利于终点颜色变化的观察。

2. $SnCl_2$-$TiCl_3$ 法（无汞测定法）

未知铁试样用酸溶解后，以 $SnCl_2$ 趁热将大部分 Fe^{3+}还原为 Fe^{2+}，再以钨酸钠为指示剂，用 $TiCl_3$ 还原剩余的 Fe^{3+}，反应式为：

$$2Fe^{3+} + Sn^{2+} \longrightarrow 2Fe^{2+} + Sn^{4+}$$

$$Fe^{3+} + Ti^{3+} \longrightarrow Fe^{2+} + Ti^{4+}$$

当 Fe^{3+}定量还原为 Fe^{2+}后，稍过量的 $TiCl_3$ 即可使溶液中作为指示剂的六价钨还原为蓝色的五价钨化物（俗称“钨蓝”），此时溶液呈现蓝色。然后用胶头滴管滴加稀重铬酸钾溶液至蓝色刚好消失。冷却至室温，加入硫磷混酸和二苯胺磺酸钠指示剂，用重铬酸钾标准溶液滴定至溶液刚呈紫红色，然后可求出铁的含量。

【任务实施】

一、任务说明

$K_2Cr_2O_7$ 是基准试剂，可以采用直接法配制标准溶液，当采用非基准试剂 $K_2Cr_2O_7$ 时，则必须用间接法配制。利用间接法配制的 $K_2Cr_2O_7$ 溶液的标定，即在一定量 $K_2Cr_2O_7$ 溶液中加入过量 KI 溶液及硫酸溶液，在酸性溶液中，KI 与 $K_2Cr_2O_7$ 作用，析出游离碘，生成的 I_2 用 $Na_2S_2O_3$ 标准溶液滴定，以淀粉指示剂确定终点。反应式为：

$$Cr_2O_7^{2-} + 6I^- + 14H^+ \longrightarrow 2Cr^{3+} + 3I_2 + 7H_2O$$

$$I_2 + 2S_2O_3^{2-} \longrightarrow 2I^- + S_4O_6^{2-}$$

二、任务准备

1. 仪器

分析天平、50mL 量筒、烧杯、500mL 容量瓶、50mL 滴定管、碘量瓶等。

2. 试剂

$K_2Cr_2O_7$ 固体、KI 固体、20%硫酸溶液、0.1000mol/L $Na_2S_2O_3$ 标准溶液、5g/L 淀粉指示液。

三、工作过程

1. 配制 $K_2Cr_2O_7$ 溶液

称取约 2.5g 重铬酸钾于小烧杯中，加水溶解后，转入 500mL 容量瓶中稀释定容，摇匀，静置 2～3d，将上部清液倾入试剂瓶中，以备标定，具体流程如图 4-1。

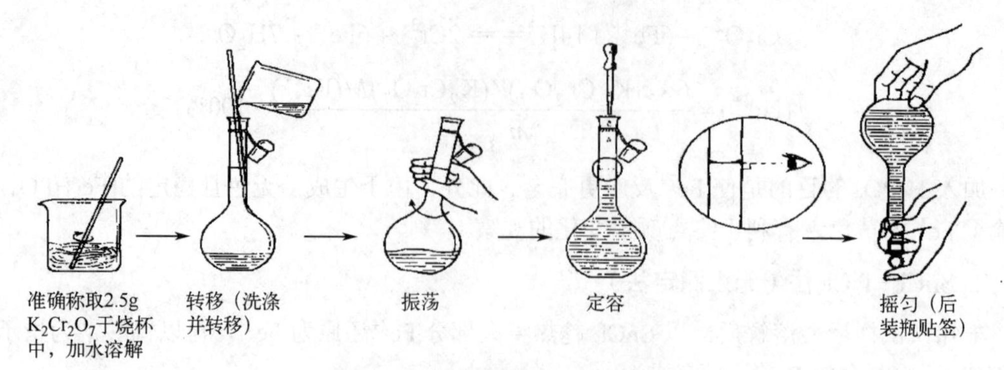

图 4-1 配制重铬酸钾溶液流程

2. 标定 $K_2Cr_2O_7$ 溶液

准确量取 30.00～35.00mL 配制好的重铬酸钾溶液于碘量瓶中，加入 2g 碘化钾，轻轻振摇使其溶解，加 20%硫酸溶液 20mL，摇匀，立即盖好瓶塞，用水密封碘量瓶瓶口（因碘的挥发性极强，又几乎不溶于水，反应生成的碘容易从溶液中逸出，对标定结果产生误差。水封以后，使空间隔绝，减少碘的挥发，使标定结果准确）。在暗处放置 10min 后，打开瓶塞，用水洗涤塞子及瓶颈，加 150mL 水稀释，用硫代硫酸钠标准溶液（0.1000mol/L）滴定至溶液呈浅黄色（近终点）时，加 5g/L 淀粉指示液 3mL，继续滴定至蓝色消失，出现亮绿色为止。记录消耗的硫代硫酸钠标准溶液的体积，计算重铬酸钾标准滴定溶液的浓度。平行测定 3 次。同时做空白试验。

四、数据记录与处理

$$c(K_2Cr_2O_7)=\frac{c_1(V_1-V_0)}{V}\times\frac{1}{6}$$

式中 c_1——$Na_2S_2O_3$ 标准溶液的物质的量浓度，mol/L；

V——重铬酸钾溶液的用量，mL；

V_1——$Na_2S_2O_3$ 标准溶液的用量，mL；

V_0——空白试验 $Na_2S_2O_3$ 标准溶液的用量，mL；

$c(K_2Cr_2O_7)$——$K_2Cr_2O_7$ 溶液的物质的量浓度，mol/L。

重铬酸钾溶液的标定

项目	1	2	3
$K_2Cr_2O_7$ 溶液的体积/mL			
$Na_2S_2O_3$ 标准溶液初读数/mL			
$Na_2S_2O_3$ 标准溶液终读数/mL			
消耗 $Na_2S_2O_3$ 标准溶液的体积/mL			
空白试验 $Na_2S_2O_3$ 标准溶液的用量/mL			
$K_2Cr_2O_7$ 溶液的浓度/(mol/L)			
$K_2Cr_2O_7$ 溶液的平均浓度/(mol/L)			
相对平均偏差/%			

五、注意事项

① 碘量瓶瓶塞的拿法。

② 加入淀粉指示剂的时间。

【巩固提高】

1. 什么规格的重铬酸钾能够直接配制重铬酸钾标准滴定溶液?
2. 间接碘量法中用水封口的目的是什么?于暗处放置10min的目的是什么?

子任务2　重铬酸钾法测定工业废水中化学需氧量

【任务目标】

知识目标

1. 初步了解环境分析的重要性及水样的采集和保存方法。
2. 对水样中COD与水体污染的关系有所了解。
3. 掌握重铬酸钾法测定水中COD的原理及方法。

能力目标

1. 能按标准检测要求规范完成操作规程。
2. 能按照要求准确填写废水中化学耗氧量测定的原始记录表。
3. 能分析检验误差产生的原因，并能正确修正。

素质目标

1. 感受分析化学在日常生活中的应用，激发学生学习分析化学的热情。
2. 培养学生树立崇高的职业道德。

【知识储备】

工业废水的化学需氧量

工业废水是指工业生产过程中产生的废水、污水和废液，其中含有随水流失的工业生产用料、中间产物和产品及生产过程中产生的污染物。随着工业的迅速发展，水体的污染也日趋广泛，严重威胁人类的健康和安全。因此，对于保护环境来说工业废水必须进行检测处理，达到一定标准后才能排放。我国颁布的工业废水排放标准规定，在工厂排出口处废水需氧量的最高容许浓度为100mg/L。

化学耗氧量（COD）是工业废水重要的水质指标，它是指废水中能被氧化的物质（这些还原性物质包括有机物、亚硝酸盐、亚铁盐、硫化物等）在规定条件下被化学氧化剂氧化时，所消耗氧化剂的量，以氧的质量浓度表示，单位 mg/L。《再生水中化学需氧量的测定　重铬酸钾法》（GB/T 22597—2014）规定了再生水中化学需氧量的测定方法，测定范围为 5～100mg/L。

【任务实施】

一、任务说明

在强酸性溶液中，准确加入过量的重铬酸钾标准溶液，加热回流，将水样中还原性物质（主要是有机物）氧化，过量的重铬酸钾以邻二氮菲亚铁作指示剂，用硫酸亚铁铵标准溶液回滴，根据所消耗的重铬酸钾标准溶液量计算水样化学需氧量。

酸性重铬酸钾氧化性很强，可氧化大部分有机物，加入硫酸银作催化剂时，直链脂肪族化合物可完全被氧化，而芳香族有机物却不易被氧化，吡啶不被氧化，挥发性直链脂肪族化合物、苯等有机物存在于蒸气相，不能与氧化剂液体接触，氧化不明显。氯离子能被重铬酸盐氧化，并且能与硫酸银作用产生沉淀，影响测定结果，故在回流前向水样中加入硫酸汞，使成为配合物以消除干扰。氯离子含量高于 1000mg/L 的样品应先作定量稀释，使含量降低至 1000mg/L 以下，再进行测定。

用 0.25mol/L $K_2Cr_2O_7$ 溶液可测定大于 50mg/L 的 COD 值，未经稀释的水样的测定上限是 700mg/L；用 0.025mol/L $K_2Cr_2O_7$ 溶液可测定 5~50mg/L 的 COD 值，但低于 10mg/L 时测量的准确度较差。

二、任务准备

1. 仪器

① 回流装置。带 250mL 锥形瓶的全玻璃回流装置（如取样量在 30mL 以上，采用带 500mL 锥形瓶的全玻璃回流装置）。

②电热板或变阻电炉、分析天平、50mL 酸式滴定管、250mL 锥形瓶、10mL 移液管、1000mL 容量瓶、50mL 量筒等。

2. 试剂

① 重铬酸钾标准溶液[$c(1/6K_2Cr_2O_7)$=0.2500mol/L]。称取预先在 120℃烘干 2h 的基准试剂或优质纯重铬酸钾 12.258g 溶于水中，移入 1000mL 容量瓶，稀释至刻线，摇匀。

② 邻二氮菲亚铁指示剂。称取 1.485g 邻二氮菲（$C_{12}H_8N_2 \cdot H_2O$）、0.695g 硫酸亚铁（$FeSO_4 \cdot 7H_2O$）溶于水中，稀释至 100mL，储于棕色瓶内。

③ 硫酸亚铁铵标准溶液{$c[(NH_4)_2Fe(SO_4)_2 \cdot 6H_2O]$=0.1mol/L}。称取 39.5g 硫酸亚铁铵溶于水中，边搅拌边缓慢加入 20mL 浓硫酸，冷却后移入 1000mL 容量瓶中，加蒸馏水稀释至标线，摇匀。临用前，用重铬酸钾标准溶液标定。

标定方法：准确吸取 10.00mL 重铬酸钾标准溶液于 250mL 锥形瓶中，加水稀释至 110mL 左右，缓慢加入 30mL 浓硫酸，混匀。冷却后，加入 3 滴邻二氮菲亚铁指示剂，用硫酸亚铁铵溶液滴定，溶液的颜色由黄色经蓝绿色至红褐色即为终点。

硫酸亚铁铵标准溶液的浓度为：

$$c = \frac{0.2500 \times 10.00}{V}$$

式中　c——硫酸亚铁铵标准溶液的浓度，mol/L；

　　　V——硫酸亚铁铵标准溶液的用量，mL。

④ 硫酸-硫酸银溶液。于 500mL 浓硫酸中加入 5g 硫酸银。放置 1～2d，不时摇动使其溶解。

⑤ 硫酸汞。结晶或粉末。

三、工作过程

① 取 20.00mL 混合均匀的水样置于 250mL 磨口的回流锥形瓶中，准确加入 10.00mL 重铬酸钾标准溶液及数粒小玻璃珠或沸石，连接磨口回流冷凝管，从冷凝管上口慢慢地加入 30mL 硫酸-硫酸银溶液，轻轻摇动锥形瓶使溶液混匀，加热回流 2h（自开始沸腾时计时）。

注：对于化学需氧量高的废水样，可先取上述操作所需体积 1/10 的废水样和试剂于 15mm×150mm 硬质玻璃试管中，摇匀，加热后观察是否呈绿色。如溶液显绿色，再适当减少废水取样量，直至溶液不变绿色为止，从而确定废水样分析时应取用的体积。稀释时，废水取样量不得少于 5mL，如果化学需氧量很高，则废水样应多次稀释。废水中氯离子含量超过 30mg/L 时，应先把 0.4g 硫酸汞加入回流锥形瓶中，再加废水 20.00mL（或适量废水稀释至 20.00mL），摇匀。

② 冷却后，用 90mL 水冲洗冷凝管壁，取下锥形瓶。溶液总体积不得小于 140mL，否则因酸度太大，滴定终点不明显。

③ 溶液再度冷却后，加 3 滴邻二氮菲亚铁指示剂，用硫酸亚铁铵标准溶液滴定，溶液的颜色由黄色经蓝绿色至红褐色即为终点，记录硫酸亚铁铵标准溶液的用量。

④ 测定水样的同时，取 20.00mL 蒸馏水，按同样的操作步骤做空白试验，记录滴定空白时硫酸亚铁铵标准溶液的用量。

四、数据记录与处理

根据所消耗的重铬酸钾标准溶液量计算水样化学需氧量为

$$\mathrm{COD_{Cr}}=\frac{1000\times(V_1-V_0)cM}{4\times V}$$

式中 c——硫酸亚铁铵标准溶液的浓度，mol/L；

V_0——滴定空白时硫酸亚铁铵标准溶液的用量，mL；

V_1——滴定水样时硫酸亚铁铵标准溶液的用量，mL；

V——水样的体积，mL；

M——O_2 的摩尔质量，32.00g/mol。

取平行测定结果的算术平均值为测定结果，平行测定结果的绝对差值不大于 0.5mg/L。

水样取用量和试剂用量表

水样体积/mL	0.2500 mol/L $K_2Cr_2O_7$ 溶液/mL	H_2SO_4-Ag_2SO_4 溶液/mL	$HgSO_4$(g)	$[(NH_4)_2Fe(SO_4)_2]$/(mol/L)	滴定前总体积/mL
		15			70
		30			140
		45			210
		60			280
		75			350

硫酸亚铁铵的标定

编号	V/mL	c/(mol/L)
1		
2		
3		
平均值		

样品测定

编号	V/mL	V_0/mL	V_1/mL	COD_{Cr}/（mg/L）
1				
2				
3				
平均值				

五、精密度和准确度

六个实验室分析 COD 为 150mg/L 的邻苯二甲酸氢钾统一分发标准溶液，实验室内相对标准偏差为±5%；实验室间相对标准偏差为±5%。

六、注意事项

① 使用 0.4g 硫酸汞配合氯离子的最高量可达 40mg，如取用 20.00mL 水样，即最高可配合 2000mg/L 氯离子浓度的水样。若氯离子的浓度较低，也可少加硫酸汞，使保持硫酸汞：氯离子=10：1（*m/m*）。若出现少量氯化汞沉淀，并不影响测定。

② 水样取用体积可在 10.00～50.00mL 范围内，但试剂用量及浓度需按水样取用量和试剂用量表进行相应调整，也可得到满意的结果

③ 对于化学需氧量小于 50mg/L 的水样，应改用 0.0250mol/L 重铬酸钾标准溶液。回滴时用 0.01mol/L 硫酸亚铁铵标准溶液。

④ 水样加热回流后，溶液中重铬酸钾剩余量应为加入量的 1/5～4/5。

⑤ 用邻苯二甲酸氢钾标准溶液检查试剂的质量和操作技术时，由于每克邻苯二甲酸氢钾的理论 COD_{Cr} 为 1.176g，所以溶解 0.4251g 邻苯二甲酸氢钾于重蒸馏水中，转入 1000mL 容量瓶，用重蒸馏水稀释至标线，使之成为 500mg/L 的 COD_{Cr} 标准溶液。用时新配。

⑥ COD_{Cr} 的测定结果应保留三位有效数字。

⑦ 每次实验时，应对硫酸亚铁铵标准滴定溶液进行标定，室温较高时尤其注意其浓度的变化。

⑧ 测 COD 使用的玻璃器皿尽量避免使用盐酸浸泡。回流冷凝管不能用软质乳胶管，否则容易老化、变形使冷却水流动不通畅。

⑨ 用手摸冷却水时不能有温感，否则测定结果偏低。滴定前，需要先滴定空白。

⑩ 滴定时不能激烈摇动锥形瓶，瓶内试液不能溅出水花，否则影响测定结果。

【巩固提高】

水样中 Cl^-含量高时对测定有何干扰？应采用什么方法消除？

熔于事业中的一颗报国心——中国科学院院士余国琮

余国琮，1922 年 11 月 18 日生于广州。1943 年毕业于西南联合大学化工系，1945 年获美国密歇根大学硕士学位，1947 年获美国匹兹堡大学博士学位，1950 年入选美国科学家名录，同年夏冲破重重阻力，毅然返回祖国，是首批留美归来学者之一。

余国琮长期从事化工分离科学与工程研究，特别是在精馏理论和技术方面，如开拓过程与设备合一的模拟放大理论、多变参数动态精馏理论、气液界面现象以及高效填料塔新技术等，均取得成果。他被称为“我国精馏分离学科创始人”“现代工业精馏技术的先行者”“化工分离工程科学的开拓者”等。余国琮一直信奉：从事科学研究要有锲而不舍的精神。一个人的精力是有限的，只有合作才能做大事。

项目五　工业盐中阴离子含量测定

任务1　莫尔法测定氯离子的含量

【任务目标】

知识目标

1. 掌握莫尔法测定氯离子的基本原理。
2. 掌握莫尔法测定的反应条件。

能力目标

1. 能够用莫尔法测定氯离子含量。
2. 能够正确判断莫尔法测定的滴定终点。

素质目标

1. 感受分析化学在日常生活中的应用，激发学生学习分析化学的热情。
2. 培养学生爱岗敬业的职业道德。

【知识储备】

沉淀滴定法是以沉淀反应为基础的滴定分析方法。沉淀反应很多，但能够用于滴定的沉淀反应并不多，因用于滴定的沉淀反应必须满足下列几个条件：反应迅速，且能定量完成；生成的沉淀溶解度小，且组成恒定；沉淀的吸附现象不影响终点观察；有适当指示剂指示终点。

目前，广泛应用于滴定的沉淀反应是生成难溶性银盐的反应，例如：

$$Cl^- + Ag^+ = AgCl\downarrow \text{（白色）}$$

$$Ag^+ + SCN^- = AgSCN\downarrow \text{（白色）}$$

利用生成难溶性银盐反应进行滴定分析的方法称为银量法。银量法可用于测定 Ag^+、Cl^-、Br^-、I^-、SCN^- 等。根据银量法所用指示剂的不同，及创立者的名字将其分为莫尔法、佛尔哈德法和法扬司法三种方法。下面简要介绍莫尔法。

一、莫尔法

1. 基本原理

莫尔法是以硝酸银作标准溶液，以铬酸钾为指示剂，在中性或弱碱性溶液中测定 Cl^- 或 Br^-的银量法。

以测定 Cl^- 为例：

在中性或弱碱性的含 Cl^- 的溶液中，加入铬酸钾指示剂，用硝酸银标准溶液滴定，溶解度小的氯化银沉淀先析出，当生成铬酸银砖红色沉淀时，指示终点到达。此法准确、简便且应用广泛。其反应式为：

$$Cl^-+Ag^+ \xlongequal{} AgCl\downarrow \text{（白色）}$$

$$2Ag^++CrO_4^{2-} \xlongequal{} Ag_2CrO_4\downarrow \text{（砖红色）}$$

2. 滴定条件

（1）溶液的酸度　滴定应在中性或弱碱性溶液中进行。莫尔法的 pH 范围为 6.5～10.5。酸度太高，则 $Ag_2CrO_4+H^+ \xlongequal{} 2Ag^++HCrO_4^-$，$CrO_4^{2-}$ 也会转化为 $Cr_2O_7^{2-}$，使终点滞后；如果碱性太强，$2Ag^++2OH^- \xlongequal{} Ag_2O\downarrow+H_2O$。当溶液中有铵盐存在时，则溶液的 pH 应在 6.5～7.2。因为，若溶液的碱性较强，会增大 NH_3 的浓度，NH_3 易与 Ag^+生成$[Ag(NH_3)_2]^+$。

（2）指示剂的浓度　指示剂 K_2CrO_4 溶液较适宜的浓度范围为 2.6×10^{-3}mol/L～5.6×10^{-3}mol/L（经计算可知此时引起的相对误差小于±0.1%）。在实验中，可在 50～100mL 被滴定溶液中加入 5% K_2CrO_4 1mL。因 K_2CrO_4 本身呈黄色，若 K_2CrO_4 溶液浓度过大，黄色太深而不易观察终点的砖红色；若 K_2CrO_4 溶液浓度过小，终点滞后，影响滴定的准确度。

（3）沉淀的吸附现象　滴定中生成的 AgCl 沉淀易吸附溶液中的 Cl^-（AgBr 沉淀对 Br^- 的吸附更强），使终点提前到达，引起较大的误差，因此滴定时必须剧烈摇动，使被 AgCl 沉淀吸附的 Cl^- 释放出来。

（4）干扰成分的影响　NH_3 及能水解的 Fe^{3+}、Al^{3+}等，大量的有色离子（如 Cu^{2+}、Ni^{2+}等），与 Ag^+生成沉淀的阴离子（如 CO_3^{2-}、$C_2O_4^{2-}$、PO_4^{3-} 等），与 CrO_4^{2-} 生成沉淀的阳离子（如 Pb^{2+}、Ba^{2+}等），都干扰测定，应预先分离。

莫尔法适用于测定 Cl^-、Br^-，不适宜于测定 I^-、SCN^-。这是因为 AgI 和 AgSCN 沉淀对离子有较强的吸附能力，会产生较大的误差。

此法不可用 NaCl 溶液滴定 Ag^+，因在含 Ag^+的溶液中加入 K_2CrO_4 指示剂，会先产生 Ag_2CrO_4 沉淀，而 Ag_2CrO_4 沉淀很难转化为 AgCl 沉淀。若要测定 Ag^+，可先加过量的 NaCl 溶液，再用 $AgNO_3$ 标准溶液返滴定过量的 Cl^-。

二、佛尔哈德法

1. 基本原理

用铁铵矾$[NH_4Fe(SO_4)_2\cdot12H_2O]$作指示剂的银量法为佛尔哈德法。本法可分为直接滴定法和返滴定法等。

（1）直接滴定法　在含有 Ag^+的硝酸溶液中，以铁铵矾作指示剂，用 NH_4SCN（或 KSCN、NaSCN）标准溶液滴定。滴定过程中溶液首先析出 AgSCN 白色沉淀。当 Ag^+沉淀完全后，微过量的SCN^-与Fe^{3+}生成$[Fe(SCN)]^{2+}$而使溶液呈红色，指示终点到达。

其反应式为：

滴定反应：　　$Ag^+ + SCN^- \rightleftharpoons AgSCN\downarrow$（白色）

终点反应：　　$Fe^{3+} + SCN^- \rightleftharpoons [Fe(SCN)]^{2+}$（红色）

（2）返滴定法　此法用于测定卤离子和SCN^-。在含有卤化物或SCN^-的硝酸溶液中，先加入过量的$AgNO_3$标准溶液，将待测阴离子定量沉淀后，以铁铵矾为指示剂，再用NH_4SCN标准溶液回滴剩余的Ag^+至溶液呈红色。例如用该方法测Cl^-。

其反应式为：

未滴定时：　　$Cl^- + Ag^+$（过量）$= AgCl\downarrow + Ag^+$（剩余）

滴加KSCN时：　　Ag^+（剩余）$+ SCN^- = AgSCN\downarrow$（白色）

滴定终点时：　　$SCN^- + Fe^{3+} \rightleftharpoons [Fe(SCN)]^{2+}$（红色）

此时，被测试液中Cl^-的物质的量等于两种标准溶液中溶质物质的量之差，进而计算出被测物质的含量。

2. 滴定条件

① 溶液的酸度。滴定一般在0.1～1mol/L的硝酸溶液中进行。在硝酸溶液中，许多弱酸根离子如PO_4^{3-}、AsO_4^{3-}、CrO_4^{2-}、S^{2-}等不干扰测定，提高了测定的选择性。不能在中性或碱性溶液中进行，因为在中性或碱性溶液中Fe^{3+}将产生氢氧化铁沉淀，进而影响终点的确定。

② 铁铵矾的用量。浓度过大终点易提前；浓度过小，终点易拖后。Fe^{3+}适宜的浓度应为0.015mol/L。

③ 直接滴定法测定Ag^+时，滴定中生成的AgSCN沉淀，具有强烈的吸附作用，吸附溶液中的Ag^+，使终点提前，结果偏低。因此滴定时，需剧烈摇动溶液使被吸附的Ag^+及时地释放出来。

④ 返滴定法测定Cl^-时，由于溶解度较大的AgCl易转化为AgSCN沉淀，引起较大的误差，须在AgCl沉淀后加入一定量硝基苯，用力振摇，使硝基苯包裹在AgCl沉淀表面上，使AgCl不再与滴定的溶液接触，避免了沉淀转化。或将AgCl沉淀滤去后再滴定溶液中剩余的Ag^+。测定I^-、Br^-时，由于AgI、AgBr的溶解度比AgSCN小，不会发生上述沉淀转化，不必滤去沉淀或加入硝基苯。测定I^-时应首先加入过量的$AgNO_3$，再加铁铵矾指示剂，否则将发生下列反应：$2Fe^{3+} + 2I^- = 2Fe^{2+} + I_2$，产生误差。

⑤ 滴定不宜在高温条件下进行，否则会使$[Fe(SCN)]^{2+}$电离，溶液的红色褪去。

⑥ 干扰成分的影响。强氧化剂、氮的低价氧化物以及铜盐、汞盐都与SCN^-作用，因而干扰测定，必须预先除去。

三、法扬司法

1. 基本原理

法扬司法是利用吸附指示剂指示终点的银量法。

吸附指示剂是一些有机化合物，其离子吸附在带电的胶态沉淀表面以后，结构发生改变，因而改变了颜色。

例如用 $AgNO_3$ 标准溶液滴定 Cl^- 时，常用荧光黄（又称荧光素）作指示剂，荧光黄是一种有机弱酸，可用 HF ln 表示。在溶液中可电离出黄绿色的阴离子（FIn^-）：

$$HFln \rightleftharpoons H^+ + FIn^-$$

在化学计量点前，AgCl 胶态沉淀优先吸附溶液中剩余的 Cl^- 而带负电荷：

$$AgCl + Cl^- \rightleftharpoons AgCl \cdot Cl^-$$

由于静电排斥作用，荧光黄阴离子 FIn^- 不被吸附，溶液仍显黄绿色。计量点后，稍过量的 Ag^+ 被 AgCl 胶态沉淀吸附而带正电荷：

$$AgCl + Ag^+ \rightleftharpoons AgCl \cdot Ag^+$$

由于静电吸引作用，$AgCl \cdot Ag^+$ 强烈吸附 FIn^-，使荧光黄结构改变而呈现粉红色，指示终点到达。

$$\underset{\text{（黄绿色）}}{AgCl \cdot Ag^+ + Fln^-} \rightleftharpoons \underset{\text{（粉红色）}}{AgCl \cdot Ag^+ \cdot FIn^-}$$

2. 滴定条件

① 滴定时一般先加入淀粉或糊精等胶体保护剂。因吸附指示剂是吸附在沉淀表面而改变颜色的，为使终点颜色更明显，须使沉淀有较大的表面积。

② 溶液的酸度。常用的吸附指示剂大多是有机弱酸，而起指示剂作用的是其阴离子。酸度较大时，指示剂的阴离子与氢离子结合成不被吸附的指示剂的分子，无法指示终点。酸度的大小与指示剂的电解常数有关，指示剂的电解常数大，酸度可大些。例如，荧光黄的 pKa≈7，溶液的 pH 应控制在 7～10，一般为 7～8。

③ 因 AgCl 易感光变灰，影响终点观察，故应避免在强光下滴定。

④ 用荧光黄作指示剂测定 Cl^- 时，要求 Cl^- 的浓度在 0.005moI/L 以上。

⑤ 吸附指示剂的选择。沉淀胶体微粒对指示剂离子的吸附能力应略小于对待测离子的吸附能力，否则指示剂将在化学计量点前变色，但不能太小，否则终点出现过迟。卤化银对卤离子和几种吸附指示剂吸附能力的次序如下：

I^-＞二甲基二碘荧光黄＞Br^-＞曙红＞Cl^-＞荧光黄

因此，滴定 Cl^- 不能选曙红作指示剂，而应选荧光黄。表 5-1 中列出了几种常用的吸附指示剂及其应用。

表 5-1　常用吸附指示剂及其应用

指示剂	被测离子	滴定剂	滴定条件	终点颜色变化
荧光黄	Cl^-、Br^-、I^-	$AgNO_3$	pH=7～10	黄绿→粉红
二氯荧光黄	Cl^-、Br^-、I^-	$AgNO_3$	pH=4～10	黄绿→红
曙红	Cl^-、SCN^-、I^-	$AgNO_3$	pH=2～10	橙黄→红紫
溴酚蓝	生物碱盐类	$AgNO_3$	弱酸性	黄绿→灰紫
甲基紫	Ag^+	NaCl	酸性溶液	黄红→红紫
二甲基二碘荧光黄	I^-	$AgNO_3$	pH=4.0～7.0	橙红→蓝红

【任务实施】

一、任务准备

1. 仪器

25mL 棕色酸式滴定管、250mL 容量瓶、250mL 锥形瓶、25mL 移液管、烧杯、量筒、分析天平。

2. 试剂

5%铬酸钾指示剂、0.06000mol/L 硝酸银标准溶液、粗食盐试样。

二、工作过程

用电子天平准确称取 0.7～0.75g 粗食盐试样置于烧杯中，加蒸馏水溶解后，定量转移至 250 mL 容量瓶中，加蒸馏水稀释至标线，摇匀备用。

用移液管准确吸取 25.00mL NaCl 试液置于 250mL 锥形瓶中，再加 25mL 蒸馏水和 1mL 5%K_2CrO_4 指示剂，在充分摇动下，用 0.06000mol/L $AgNO_3$ 标准溶液滴定至出现砖红色，保持 1min 不褪色即为终点。平行滴定三次。

三、数据记录与处理

样品中Cl^- 含量（以质量分数计）可按下式计算：

$$\omega(Cl^-)=\frac{c(AgNO_3)V(AgNO_3)\dfrac{M(Cl^-)}{1000}}{m\times\dfrac{25.00}{250.00}}\times 100\%$$

式中　$\omega(Cl^-)$——粗食盐试样中Cl^- 的质量分数，%；

$c(AgNO_3)$——$AgNO_3$ 溶液的浓度，mol/L；

$V(AgNO_3)$——所用 $AgNO_3$ 标准溶液的体积，mL；

$M(Cl^-)$——Cl^-的摩尔质量，35.45g/mol；

m——粗食盐试样的质量，g。

粗食盐试样中氯的测定

项目	1	2	3
$c(AgNO_3)$/(mol/L)			
粗食盐试样的质量/g			
配成 NaCl 溶液的体积/mL			
取用 NaCl 溶液的体积/mL			
$V(AgNO_3)$/mL			
$c(AgNO_3)$/(mol/L)			
$\omega(Cl^-)$			
$\overline{\omega}(Cl^-)$			
相对平均偏差/%			

【巩固提高】

1. 滴定中为什么要控制 K_2CrO_4 指示剂的用量？
2. 在莫尔滴定过程中为什么要充分摇动？
3. 莫尔法能否测定 I^-和 SCN^-？为什么？

任务 2 重量分析法测定硫酸根离子的含量

【任务目标】

知识目标

1. 理解重量分析法的概念、方法及特点。
2. 了解重量分析法对沉淀的要求。
3. 掌握重量分析法的主要操作步骤。

能力目标

1. 能够掌握重量分析法测定样品中待测组分含量的基本操作。
2. 能按标准检测要求规范完成操作规程。

素质目标

1. 培养学生团队合作精神。
2. 培养学生树立崇高的职业道德。
3. 理论与实际相结合，帮助学生养成务实、严谨、求真的科学态度。

【知识储备】

一、重量分析法的概念和分类

重量分析法是通过物理或化学反应将待测组分与其他组分分离或转化为一定的称量形式，然后用称量的方法求得待测组分在试样中的含量。

根据分离方法的不同，重量分析法又分为沉淀法、气化法、电解法、提取法等。

1. 沉淀法

其测定原理是先将试样制成溶液，再加入沉淀剂与待测组分发生沉淀反应，生成难溶化合物沉淀析出，再将沉淀过滤、洗涤、烘干或灼烧等，最后称量计算其含量。沉淀法是重量分析法中应用较广泛的方法。

2. 气化法

一般是通过加热或其他方法使试样中的被测组分挥发逸出，然后根据气体逸出前后试样质量之差来计算被测组分的含量。例如，测定试样中的吸湿水或结晶水时，可将试样烘干至恒重，试样减小的质量即所含水的质量，根据称重结果，可计算被测组分含量。或当该组分逸出时，选择吸收剂将其吸收，然后根据吸收剂质量的增加来计算被测组分的含量。

3. 电解法

利用电解原理，使金属离子在电极上析出，称量电极的质量，再根据电极质量的变化来计算出被测金属离子的含量。

4. 提取法

利用被测组分在两种互不相溶的溶剂中分配比的不同，加入某种提取剂使被测组分从原来的溶剂中定量转入提取剂中，称量剩余物的质量，或者将提取液中的溶剂蒸发除去，称量剩下的质量，以计算被测组分的含量。

二、重量分析法的特点

1. 优点

重量分析法直接用分析天平称量而获得分析结果，不需要标准试样或基准物质进行比较，而称量误差一般很小，所以其准确度较高，可用于含量大于1%的常量组分测定。

2. 缺点

操作烦琐，耗时较长，不能满足快速分析的要求。重量分析法的灵敏度较低，不适用于微量和痕量组分的测定，不过，目前在含量不太低的硅、钨、镍、水分、灰分的精确分析中，仍使用重量分析法，而且在校对其他分析方法的准确度时，也常用重量分析法的测定结果作为标准，因此重量分析法仍然是定量分析的基本内容之一。

三、重量分析法对沉淀的要求

1. 沉淀形式和称量形式

利用沉淀法进行重量分析时，被测组分与沉淀剂作用后生成的难溶化合物叫沉淀形式。经过过滤、洗涤、干燥或灼烧后的组成形式叫称量形式。沉淀形式和称量形式可相同，也可不同。例如测定SO_4^{2-}时，加入沉淀剂$BaCl_2$，得到细晶形沉淀$BaSO_4$，此时沉淀形式和称量形式都是$BaSO_4$。但测定Mg^{2+}时，沉淀形式为粗晶形沉淀$MgNH_4PO_4$，经灼烧后得到的称量形式为$Mg_2P_2O_7$，此时，沉淀形式与称量形式就不同。

2. 对沉淀形式的要求

（1）沉淀的溶解度要小　沉淀的溶解度必须很小，$K_{sp}<10^{-8}$，以保证被测组分能定量沉淀出来，一般要求沉淀的溶解损失不应超过分析天平的称量误差，即0.2mg。

（2）沉淀应力求纯净　沉淀应是纯净的，不应混有沉淀剂或其他杂质，否则，便不能获得准确的分析结果。

（3）沉淀应易于过滤和洗涤　沉淀易于过滤和洗涤，不仅便于操作，还是保证沉淀纯度的一个重要因素。为此尽量获得粗大的晶形沉淀，若只能生成无定形沉淀（又称胶状沉淀），也应控制沉淀条件，改变沉淀的性质，以得到便于过滤和洗涤的沉淀。

3. 对称量形式的要求

（1）称量形式必须组成固定　只有称量形式的组成与化学式完全符合，才能根据化学式计算分析结果。如 $Fe_2O_3 \cdot nH_2O$ 组成不定，经灼烧后失去水分子得到 Fe_2O_3 便与化学式完全符合。

（2）称量形式要有足够的化学稳定性　沉淀的称量形式不应受空气中 CO_2、O_2、水分等因素的影响而发生变化，本身也不应分解或变质，否则会影响结果的准确度。

（3）称量形式的摩尔质量大　称量形式的摩尔质量要大，则被测组分在称量形式中的含量小，这样可提高分析的准确度。例如，重量分析法测定 Al^{3+}时，可以用氨水将 Al^{3+}沉淀为 $Al(OH)_3$后，再灼烧成 Al_2O_3（摩尔质量为 101.96g/mol）称量；也可以用 8-羟基喹啉将 Al^{3+}沉淀为 8-羟基喹啉铝（摩尔质量为 459.44g/mol），烘干后称量。如果在操作过程中损失沉淀 1mg，则对铝的损失量分别为：

以 Al_2O_3 为称量形式时铝的损失量为

$$\frac{2 \times 27 \times 1}{101.96} = 0.5(\text{mg})$$

以 8-羟基喹啉铝为称量形式时铝的损失量为

$$\frac{27 \times 1}{459.44} = 0.06(\text{mg})$$

显然，称量形式的摩尔质量越大，则沉淀的损失或沾污对被测组分的影响越小，结果的准确度也越高。

4. 对沉淀剂的要求

对沉淀剂的要求如下：

① 应具有挥发性，以便除去过量的沉淀剂。

② 所形成的沉淀具有很小的溶解度。

③ 应具有较高的选择性，以便于测定被测离子及减小干扰物质的影响。

④ 应具有较大的溶解度，以减少沉淀对沉淀剂的吸附，得到纯净的沉淀。

⑤ 能获得较大摩尔质量的称量形式。

5. 试样和沉淀剂用量的估算

试样的用量取决于沉淀的类型。对生成体积小、易于过滤洗涤的晶形沉淀，其称量形式的质量控制在 0.3～0.5g；对生成体积较大、不易过滤洗涤的无定形沉淀，应控制在 0.1～0.2g。据此依照组分的含量即可估算出应称取试样量。

沉淀剂的用量由试样中被测组分的量决定。易挥发的沉淀剂过量 50%～100%，不易挥发的沉淀剂过量 10%～30%。

四、重量分析法的主要操作步骤

重量分析法的主要操作步骤为：取样→溶解→沉淀→过滤→洗涤→干燥（或灼烧）至恒重→称重→计算。对于每一步都应细心地进行操作，不使沉淀损失或带入其他杂质，才能保证分析结果的准确度。

1. 取样与溶解

将试样分解制成溶液。用分析天平准确称取规定量的经过处理的试样，放入烧杯中，根据试样的不同性质选择适当的溶剂，加入溶剂使试样完全溶解。对于不溶于水的试样，一般可采取酸溶法、碱溶法或熔融法。

2. 沉淀的生成

根据被测组分的性质，选择最佳的沉淀条件（浓度、温度、酸度等）和适当的沉淀剂。在充分搅拌下，加入沉淀剂，使其与待测组分迅速定量反应生成沉淀，静置，在上层清液中，再加入几滴沉淀剂，观察是否有混浊。若有，继续滴加沉淀剂，直至无混浊，即沉淀完全。然后盖上表面皿，静置。

加沉淀剂时，一手持玻璃棒搅拌，一手拿滴管滴加沉淀剂溶液，滴管口要接近液面，以免溶液溅出。在尽可能充分搅拌下，勿使玻璃棒碰烧杯壁或烧杯底，以免划损烧杯使沉淀附着在烧杯上。如果在热溶液中沉淀时，应在水浴或电热板上进行。当用较浓溶液沉淀时，应在充分搅拌下，较快地加入沉淀剂，以得到较为紧密的沉淀。

3. 沉淀的过滤

过滤沉淀是使沉淀与母液分离。在实验室里，一般采用滤纸或微孔玻璃滤器过滤。对于需要灼烧的沉淀常用滤纸过滤；对于过滤后只需烘干即可进行称量的沉淀，则可采用微孔玻璃漏斗或微孔玻璃坩埚过滤。过滤方法有常压过滤、减压过滤、热过滤三种。

（1）常压过滤（普通过滤）常压过滤中常用的过滤器是贴有滤纸的漏斗。

① 滤纸选择。滤纸按空隙大小分为快速、中速、慢速三种；按直径大小分为 7cm、9cm、11cm 等几种。国产滤纸的规格如表 5-2。应根据沉淀的性质选择滤纸类型。根据沉淀量的多少选择滤纸的大小，一般要求沉淀的总体积不得超过滤纸锥体高度的 1/3。滤纸的大小还应与漏斗的大小相适应，一般滤纸上沿应低于漏斗上沿 0.5～1cm。沉淀类型及滤纸选择见表 5-3。

表 5-2 国产滤纸的规格

编号	102	103	105	120	127	209	211	214
类别	定量滤纸				定性滤纸			
灰分	0.02mg/张				0.2mg/张			
滤速/（s/100mL）	60～100	100～160	160～200	200～240	60～100	100～160	160～200	200～240
滤速类型	快速	中速	慢速	慢速	快速	中速	慢速	慢速
盒上色带标志	白	蓝	红	橙	白	蓝	红	橙
应用实例	$Fe(OH)_3$	$ZnCO_3$	$BaSO_4$					

表 5-3 沉淀类型及滤纸选择

沉淀类型	滤纸类型
非晶形沉淀	疏松的快速滤纸
粗晶形沉淀	紧密的中速滤纸
细晶形沉淀	紧密的慢速滤纸

在重量分析法中过滤沉淀，应采用定量滤纸。这种滤纸的纸浆经过盐酸及氢氟酸处理，

每张滤纸灼烧后的灰分在 0.1mg 以下，小于分析天平的称量误差，故其质量可以忽略不计，因此，又称无灰滤纸。

如果需过滤的混合物中含有能与滤纸作用的物质（如浓硫酸），则可用石棉或玻璃丝在漏斗中铺成薄层作为滤器。

② 漏斗。常分为长颈漏斗和短颈漏斗两种。热过滤采用短颈漏斗。重量分析时，一般用长颈漏斗。长颈漏斗的颈长一般为 15～20cm，锥体角度为 60°，颈的直径要小些，常为 3～5mm，若太粗不易保留水柱，出口处磨成 45°。

③ 滤纸的折叠。一般采用四折法，先将滤纸对折两次，一边一层，一边三层打开形成圆锥形，锥角为 60°，如图 5-1。

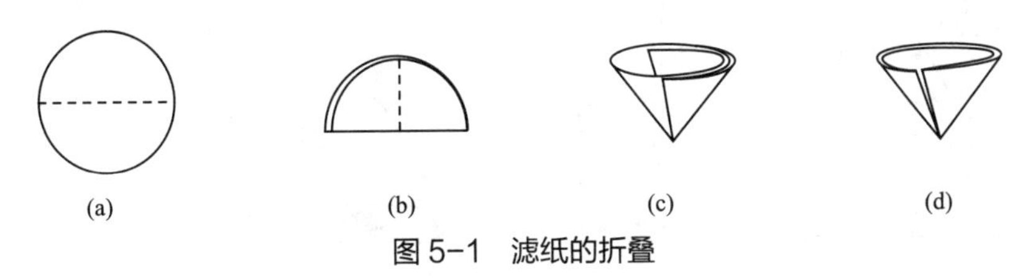

图 5-1 滤纸的折叠

放入漏斗中，使其与漏斗壁密合，若漏斗的锥体角度不为 60°，则滤纸与漏斗壁不密合，应改变滤纸折叠的角度，直至两者密合。为了使漏斗与滤纸之间贴紧无气泡，可将三层厚的外层撕下一小块，撕下来的滤纸角应保存在干净的表面皿上，以备擦拭烧杯中残留沉淀之用。将正确折叠好的滤纸放入漏斗中，放时三层的一边应在漏斗出口短的一边。用左手食指按紧滤纸三层的一边，右手执洗瓶挤出少量水润湿滤纸，用清洁玻璃棒轻压滤纸赶去气泡，使之与漏斗壁贴紧。

再加水至滤纸边缘，让水全部流尽，漏斗颈内全部被水充满。若不能形成完整的水柱，可用手指堵住漏斗下口，稍掀起滤纸的一边，用洗瓶向滤纸和漏斗的空隙处加水，使漏斗颈和锥体的大部分被水充满，最后，压紧滤纸边，放开堵出口的手指，此时水柱即可形成。若仍不能形成水柱，则可能是漏斗颈太大或滤纸与漏斗没有密合。

④ 过滤与转移。将准备好的漏斗放在漏斗架上，下面放一洁净的烧杯承接滤液，漏斗出口长的一边紧靠杯壁，漏斗位置以过滤过程中漏斗颈的出口不接触滤液为宜。

过滤一般分三个阶段：第一阶段是采用“倾泻法”尽可能把上层清液转移过去，并进行初步洗涤；第二阶段是把沉淀转移到漏斗；第三阶段是清洗烧杯。

“倾泻法”是先把清液倾入漏斗中，让沉淀尽可能地留在烧杯内。该法可避免沉淀堵塞滤纸孔隙，使过滤较快地进行。倾入清液时，应将清液沿着玻璃棒流入漏斗中，玻璃棒应直立，下端对着三层厚的滤纸一边，并尽可能接近滤纸，但不要与滤纸接触，如图 5-2 所示。

倾入溶液的液面至少应低于滤纸上沿 0.5～1cm，以免沉淀浸到漏斗上。

当倾注暂停时，烧杯沿着玻璃棒慢慢上提 1～2cm，边扶正烧杯，边将玻璃棒放入烧杯中。这样可避免烧杯嘴上的液体流到杯外壁去。同时玻璃棒不要放在烧杯嘴处，以免烧杯嘴处的少量沉淀沾在玻璃棒上。当清液倾注完毕后，即可进行初步洗涤。洗涤时，用少量的洗涤液冲洗杯壁和玻璃棒，使黏附在烧杯壁上的沉淀洗下。用玻璃棒充分搅拌，静置，再倾泻过滤。如此重复洗涤 2～3 次。

初步洗涤之后，即可进行沉淀的转移。向盛有沉淀的烧杯中加入少量洗涤液，搅拌混匀，立即将沉淀和洗涤液倾入漏斗中，反复多次，直到沉淀尽可能都转移到滤纸上。如黏附在烧杯壁上的沉淀仍未转移完全，则将烧杯斜放在漏斗上方，杯嘴朝向漏斗，用左手食指按住架在烧杯嘴上的玻璃棒上方，其余手指拿住烧杯，玻璃棒下端对准三层滤纸处。右手持洗瓶冲洗烧杯壁上所黏附的沉淀，使沉淀同洗涤液一起流入漏斗中。注意勿使液体溅出。如烧杯壁仍有少许沉淀，可用原撕下来的滤纸角擦拭，最后将擦过的滤纸角放在漏斗里的沉淀中。必要时用淀帚擦洗烧杯上的沉淀。

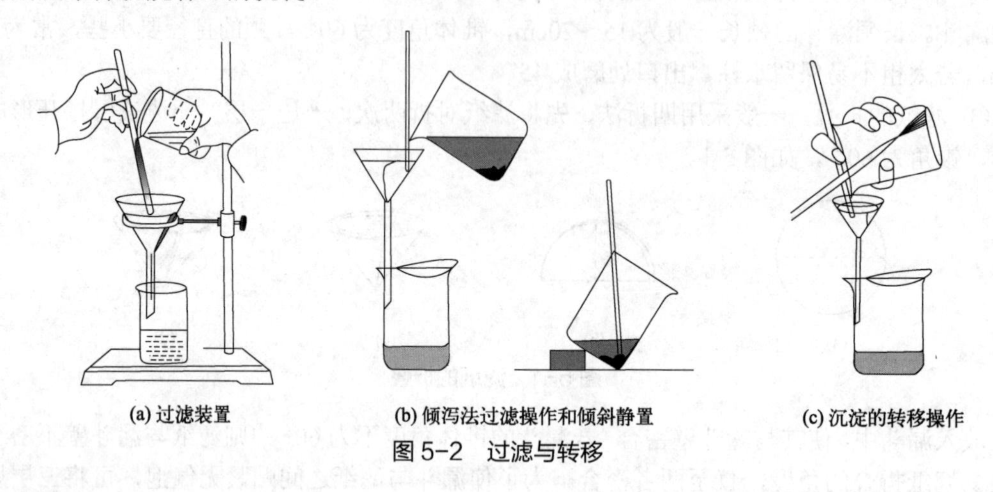

图 5-2 过滤与转移

淀帚是将一段质量较好的橡胶管套在玻璃棒一端，开口处胶封而制得。先用淀帚洗涤玻璃棒，将玻璃棒取出后，以淀帚擦拭烧杯壁，直至将烧杯洗净后，再将淀帚置于漏斗上方用水冲洗干净。如图 5-3 所示 。

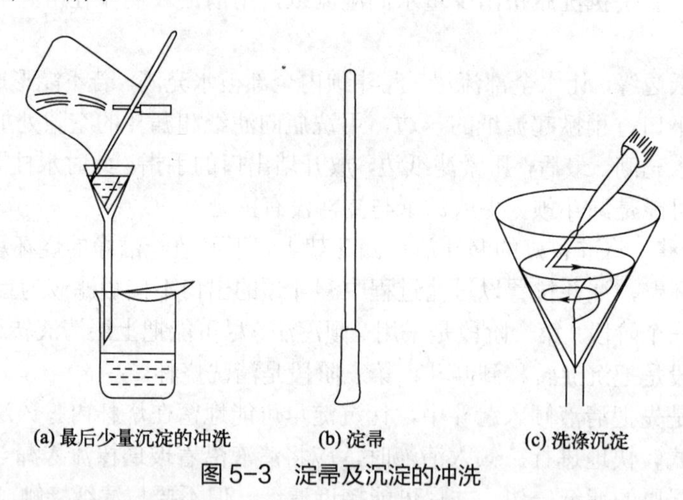

图 5-3 淀帚及沉淀的冲洗

若沉淀为胶体，应加热溶液破坏胶体，趁热过滤。

（2）减压过滤（又称吸滤法过滤或抽气过滤） 为了加快清液与沉淀的分离，常用减压过滤来加快过滤的速度。减压过滤的漏斗有布氏漏斗和砂芯漏斗两种。吸滤装置由吸滤瓶、布氏漏斗、安全瓶和抽气泵组成，抽气泵一般装在自来水龙头上，如图 5-4 所示。

吸滤操作按照下列步骤进行：

① 按图 5-4 安装吸滤装置，布氏漏斗的颈口应与吸滤瓶的支管相对，便于吸滤。

② 滤纸的大小应剪得比布氏漏斗的内径略小，以能恰好盖住瓷板上的所有小孔为度。先由洗瓶挤出少量蒸馏水润湿滤纸，微启水龙头，稍微抽吸，使滤纸紧贴在漏斗的瓷板上，然

后开大水龙头进行抽气过滤。

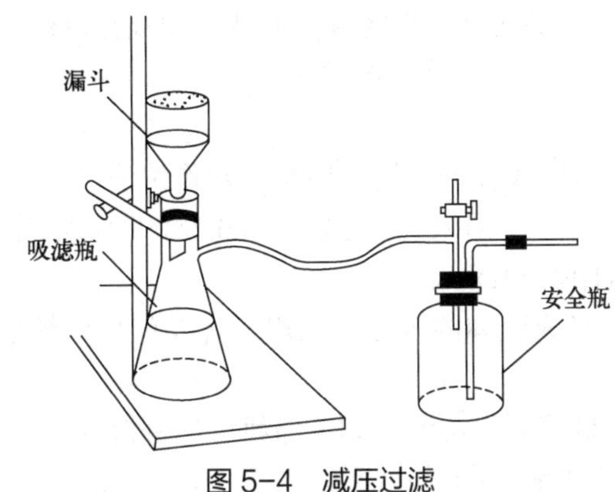

图 5-4　减压过滤

③ 过滤时，应用倾泻法，先将清液沿玻璃棒倾入漏斗中，滤完后再将沉淀移入滤纸的中间部分。吸滤瓶的滤液面不能达到支管的水平位置，否则滤液将被水泵抽出。

④ 在吸滤过程中，不得突然关闭水龙头，如欲取出滤液或需要停止吸滤，应先将吸滤瓶支管的橡皮管拆下，然后再关上水龙头，否则水将倒灌，进入安全瓶。

⑤ 在布氏漏斗里洗涤沉淀时，应停止吸滤，让少量洗涤剂缓慢通过沉淀，然后进行吸滤。

⑥ 为了尽量抽干漏斗内的沉淀，最后可用一个平顶的试剂瓶塞挤压沉淀。

⑦ 过滤完毕后，应先将吸滤瓶支管的橡皮管拆下再关闭水龙头，再取下漏斗。将漏斗的颈口朝上，轻轻敲打漏斗边缘，即可使沉淀脱离漏斗，落入预先准备好的滤纸上或容器中。

（3）离心分离法　少量清液与沉淀的混合物可用离心机进行离心分离，常用的离心机有手动式和电动式两种。

将盛有清液和沉淀混合物的离心管放入离心机的试管套筒内，如果离心机是手摇的，插上摇柄，然后按顺时针方向摇转。启动时要慢，逐渐加快。停止离心操作时，必须先取下摇柄，试管套管自然停止转动。放置试管时，必须对称，以保持平衡。

离心操作完成后，从套管中取出离心试管，用滴管慢慢吸出上层清液，留下沉淀。

如要洗涤试管中存留的沉淀，可以由洗瓶吹入少量蒸馏水，用玻璃棒搅拌，再进行离心沉降后按上述方法将上层清液尽可能地吸尽。重复洗涤沉淀 2～3 次。

（4）微孔玻璃砂滤坩埚（或漏斗）过滤　微孔玻璃砂滤坩埚（或漏斗）的过滤板是用玻璃粉末在高温下熔结而成的，使用前，一般需用稀盐酸或稀硝酸处理，然后用蒸馏水冲洗干净，并将其置于与沉淀相同的温度下烘干至恒重，备用。

过滤时，将微孔玻璃砂滤坩埚（或漏斗）置于带有橡胶垫圈或孔塞的抽滤瓶上，用抽水泵进行减压抽滤。过滤结束时，先去掉滤瓶上的橡皮管，然后关闭水泵，以免水泵中的水倒吸入抽滤瓶中。微孔玻璃砂滤坩埚不能过滤强碱性溶液，因为强碱性溶液能损坏玻璃微孔。微孔玻璃砂滤坩埚（或漏斗）的规格及用途见表 5-4。

表 5-4　微孔玻璃砂滤坩埚（或漏斗）的规格及用途

代号	孔径/μm	用途	代号	孔径/μm	用途
G1	20～30	过滤胶状沉淀	G4	3～4	过滤中细或极细沉淀
G2	10～15	过滤粗颗粒沉淀	G5	1.2～2.5	过滤较大杆菌及酵母菌
G3	4.9～9	过滤细沉淀	G6	<1.5	过滤 1.4～0.6μm 病菌

4. 沉淀的洗涤

洗涤沉淀的目的是洗去杂质（沉淀表面吸附的杂质和混在沉淀中的母液），获得纯净的沉淀。洗涤时应减少沉淀的溶解损失，避免形成胶体。

洗涤液选择原则：

① 溶解度很小又不易形成胶体的沉淀，用蒸馏水作洗液。

② 溶解度较大的晶形沉淀，用冷的稀沉淀剂作洗液。但沉淀剂必须在烘干或灼烧时易沉淀或易分解除去。如用$(NH_4)_2C_2O_4$洗涤CaC_2O_4。

③ 溶解度较小又可能形成胶体的沉淀，应用易挥发的稀电解质。如洗涤$Al(OH)_3$时用NH_4NO_3。

④ 易水解的沉淀用有机溶剂作洗液。如洗涤氟硅酸钾沉淀，用冷的含有5%氯化钾的乙醇溶液作洗液，以防止沉淀水解并降低其溶解度。

洗涤原则：

“少量多次”，每次加洗涤液前，使前次洗涤液尽量流尽。

当沉淀转移时，经初步洗涤，已基本洗净。若未洗净或沉淀附在滤纸的上部，冲洗滤纸边沿稍下部位，按螺旋形向下移动，使沉淀集中于滤纸底部，直到沉淀洗净为止。

沉淀洗净与否，应根据具体情况进行检查。例如，用H_2SO_4沉淀$BaCl_2$中的Ba^{2+}时，则应洗到滤液中不含Cl^-为止。可用洁净的表面皿接取少许滤液，加HNO_3酸化后，用$AgNO_3$溶液检查，若无白色沉淀，说明沉淀已洗涤干净，否则还需再洗涤。

5. 沉淀的烘干或灼烧

沉淀烘干或灼烧的目的是除去沉淀中的水分、挥发性物质，使沉淀形式转化为称量形式。烘干或灼烧的温度和时间，随沉淀的不同而不同（有时是为了使沉淀在较高的温度分解为组成固定的称量形式，达到恒重），如表5-5。

表5-5　个别沉淀烘干或灼烧的温度

沉淀名称	烘干温度/℃	烘干时间/min
丁二酮肟镍	110～120	40～60
磷钼酸喹啉	130	45
硫酸钡	800～850（>950℃ $BaSO_4$分解）	烘干后灼烧至恒重

（1）用微孔玻璃砂滤坩埚过滤的沉淀　只需烘干除去沉淀中的水分和可挥发性物质，即可使沉淀成为称量形式。把微孔玻璃砂滤坩埚中已洗净的沉淀放入烘箱中，根据沉淀的性质在适当的温度下烘干，取出稍冷后，放入干燥器中冷却至室温（通常约30min），进行称量。再放入烘箱中烘干，冷却、称量。如此反复操作，直至恒重（前后两次质量之差不超过0.2mg）。

（2）用滤纸过滤的沉淀　通常在坩埚中烘干、炭化、灼烧之后，进行称量。各步操作如下：

① 坩埚的准备。使用玻璃砂滤坩埚过滤的沉淀在电烘箱里烘干。若沉淀需要加氢氟酸处理，应改用铂坩埚。常用的是瓷坩埚，使用时先将坩埚洗净、晾干、编号，在灼烧沉淀的温度下，于马弗炉中灼烧至恒重。也可将坩埚放置在泥三角上，用煤气灯的氧化焰进行灼烧至恒重。

② 沉淀的包法。晶形沉淀一般体积较小，可按下述方法进行：a. 用清洁的药铲或尖头玻璃将滤纸的三层部分掀起，再用手将带沉淀的滤纸取出；b. 将滤纸打开成半圆形，自右端1/3半径处向左折起；c. 自上边向下折，再自右向左卷成小卷；d. 将滤纸包卷层数较多的一面向

上，放入已恒重的坩埚中，如图 5-5 所示。胶状沉淀一般体积较大，不宜用上述方法包卷，可用扁头玻璃棒将滤纸边挑起，向中间折叠，将沉淀全部盖住，如图 5-6 所示，然后转移到已恒重的坩埚中，仍使三层滤纸部分向上。

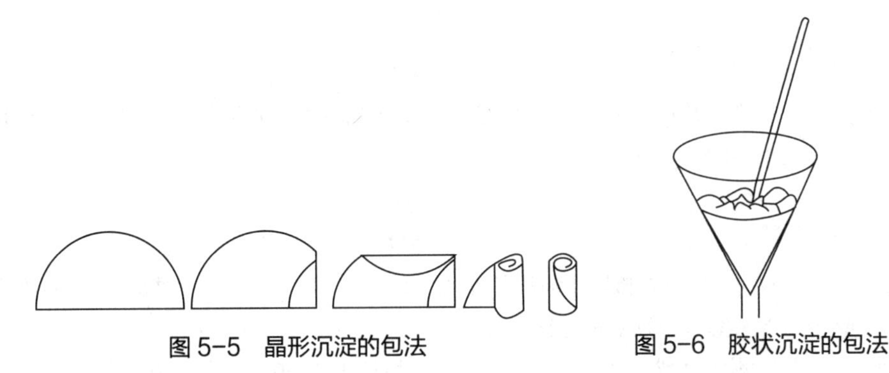

图 5-5 晶形沉淀的包法　　图 5-6 胶状沉淀的包法

③ 沉淀的烘干与滤纸的炭化。将放有沉淀的坩埚如图 5-7 放好，将酒精灯的火焰先放于 A 处，利用热空气把滤纸和沉淀烘干。然后移至 B 处加热，使滤纸炭化，炭化时若着火，可用坩埚盖盖住，使火焰熄灭，切不可吹灭，以免沉淀飞溅。继续加热至全部炭化，使碳元素全部变成 CO_2 除去，如图 5-7 所示。

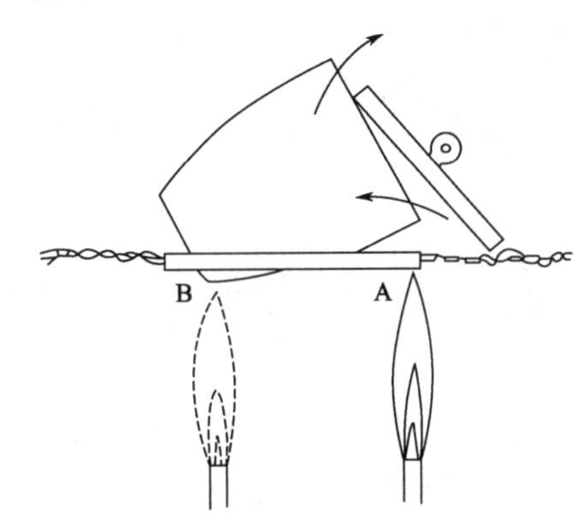

图 5-7 沉淀的烘干与滤纸的炭化

④ 沉淀的灼烧。炭化后，将坩埚直立，盖好盖子，移入马弗炉中灼烧至恒重。也可将坩埚直立于泥三角上，盖好坩埚盖，用煤气灯的氧化焰灼烧，取下稍冷，移入干燥器中冷却至恒重后称其质量。

6. 沉淀的称量

沉淀经反复烘干及灼烧、冷却后称量，直至前后两次称量的质量之差不大于 0.2mg，即认为达到恒重，恒重后称得沉淀质量，即可计算分析结果。

7. 分析结果的计算

（1）称量形式与被测组分化学组成一致　称量形式的质量（m）与其试样质量（m_0）的比值即为被测组分含量（ω）。计算式为：

$$\omega = \frac{m}{m_0} \times 100\%$$

(2) 被测组分与称量形式的化学组成不一致　应将称量形式沉淀的质量（m'）换算成被测组分的质量（m）之后，再按上式计算其含量。即：

$$\omega = \frac{m}{m_0} \times 100\%$$

$$m = m'F$$

式中，F 为换算因数或称化学因数。它是被测组分的原子量（或分子量）与称量形式的原子量（或分子量）的比值。即

$$F = \frac{aM}{bM'}$$

式中，M、M'分别为被测组分和称量形式的摩尔质量；a、b 是被测组分和称量形式所含被测元素原子个数相等而考虑的系数。

【例 5-1】　测定某铁矿石中铁的含量时，称取 0.2500g 试样，将试样溶解，然后使 Fe^{3+} 沉淀为 $Fe(OH)_3$，再经过滤、洗涤、干燥和灼烧成称量形式 Fe_2O_3，称其质量为 0.2490g，求此铁矿石中铁的含量为多少？若以 Fe_3O_4 表示分析结果，其含量又为多少？

解：

以 Fe 表示时：

由于每个 Fe_2O_3 分子中含两个 Fe 原子，故其化学因数 F 为

$$F = \frac{2M(\text{Fe})}{M(\text{Fe}_2\text{O}_3)} = \frac{2 \times 55.85}{159.7} = 0.6994$$

所以

$$\omega(\text{Fe}) = \frac{m(\text{Fe}_2\text{O}_3) \times F}{m(\text{试样})} \times 100\% = \frac{0.2490 \times 0.6994}{0.2500} \times 100\% = 69.66\%$$

以 Fe_3O_4 表示时：

由于 3 个 Fe_2O_3 分子和 2 个 Fe_3O_4 分子所含 Fe 原子数相等，故其化学因数 F 为

$$F = \frac{2M(\text{Fe}_3\text{O}_4)}{3M(\text{Fe}_2\text{O}_3)} = \frac{2 \times 231.5}{3 \times 159.7} = 0.9664$$

所以

$$\omega(\text{Fe}_3\text{O}_4) = \frac{m(\text{Fe}_2\text{O}_3) \times F}{m(\text{试样})} \times 100\% = \frac{0.2490 \times 0.9664}{0.2500} \times 100\% = 96.25\%$$

【任务实施】

一、任务说明

SO_4^{2-} 与 Ba^{2+}生成溶解度很小的 $BaSO_4$（$K_{sp}=1.1\times10^{-10}$），并且性质很稳定，其组成与化学式相符合，符合重量分析对沉淀的要求。所以通常以 $BaSO_4$ 为沉淀形式和称量形式测定 SO_4^{2-} 或 Ba^{2+}。

为了获得颗粒较大且纯净的 $BaSO_4$ 晶形沉淀，将试样溶液加稀盐酸酸化（使部分成为 HSO_4^-，稍微增大沉淀的溶解度，而降低溶液的过饱和度），加热近沸，过滤除去杂质，并在不断搅拌下

（在热溶液中进行沉淀，并不断搅拌，以降低溶液的过饱和度，避免出现局部浓度太高的现象，同时也减少杂质的吸附现象）向滤液中缓慢加入沸热的 $BaCl_2$ 溶液。形成的 $BaSO_4$ 沉淀经陈化、过滤、洗涤、灼烧，最后以称量形式 $BaSO_4$ 称量，即可求得试样中 SO_4^{2-} 的含量。

二、任务准备

1. 仪器及设备

① 坩埚。直径 30mm，高 30mm。
② 烘箱。能控制温度在（110±2）℃。
③ 高温炉。能控制温度在（850±20）℃。

2. 试剂

① 硼酸。
② 盐酸（1+1）。
③ 氯化钡溶液。称取 100g 二水合氯化钡晶体，用水溶解后稀释至 1000mL。
④ 硫酸（ρ=1.84g/mL）。
⑤ 氟化锂试样。

三、工作过程

准确称取试样 0.5g（精确至 0.0001g，记为 m_0）置于 250mL 的烧杯中，加入 2.0g 硼酸，用少量水润湿，加入 10mL 盐酸，用热水冲洗至约 100mL，在电炉上加热至沸，使试样完全溶解。趁热过滤，以除去试样或硼酸中可能带有的杂质，反复洗涤烧杯 5～6 次。在搅拌下，向滤液中缓慢加入 10mL 沸热的 $BaCl_2$ 溶液，用玻璃表面皿盖上烧杯，在室温下将沉淀静置 16h。

将沉淀用致密滤纸过滤，先用倾泻法过滤，再将沉淀转入滤纸中，用沸水洗涤沉淀，直到滤液不显酸性为止（用甲基橙溶液滴于滤液中，若滤液呈红色，则继续洗涤直至溶液变成黄色为止）。

将盛有沉淀的滤纸置于预先在（850±20）℃加热并于干燥器中冷却称量的坩埚中，然后移入电炉上，由低温到高温逐渐灰化滤纸，灰化完毕在（850±20）℃灼烧 30min。取出置于干燥器中冷却至室温，如果灼烧后沉淀是白色的，即可称量。若沉淀是灰色则表示有石墨状碳存在，用几滴硫酸润湿，再置于（850±20）℃高温炉灼烧 15min，取出置于干燥器中冷却至室温，称量，记为 m_2。独立地进行两次测定，取其平均值。同时做空白试验。

四、数据记录与处理

按下式计算硫酸根的质量分数：

$$\omega(SO_4^{2-})=\frac{0.4116\times(m_2-m_1)}{m_0}\times100\%$$

式中 m_2——试样测定时硫酸钡的质量，g；
m_1——空白测定时硫酸钡的质量，g；
m_0——试样的质量，g；
0.4116——硫酸钡换算成硫酸根的系数。

$BaSO_4$ 重量法测定 SO_4^{2-} 的含量

项目	1	2	项目	1	2
称量瓶+试样的质量（前）/g			空坩埚的质量/g		
称量瓶+试样的质量（后）/g			沉淀的质量/g		
试样的质量/g			硫酸根含量/%		
试样测定时，沉淀+坩埚的质量/g			硫酸根含量平均值/%		
空白测定时，沉淀+坩埚的质量/g			相对平均偏差/%		

五、精密度

1. 重复性

在重复性条件下获得的两个独立测试结果的固定值，在以下给出的平均值范围内，其绝对差值不超过重复性限（r）的情况不超过5%，重复性限（r）按以下数据采用线性内插法求得。

硫酸根的质量分数/%：　0.057　0.084　0.100

重复性限 r/%：　0.005　0.018　0.021

2. 允许差

实验室之间分析结果的差值应不大于下表所列允许值。

$BaSO_4$ 重量法测定 SO_4^{2-} 含量时的允许差

硫酸根的质量分数/%	允许值/%
≤0.6	0.03

六、质量保证与控制

分析时，用部分样品或控制样品进行校核，或每年至少用部分样品或控制样品对分析方法校核一次。当过程失控时，应找出原因，纠正错误后，重新进行校核。

【巩固提高】

1. 什么叫重量分析法？
2. 重量分析法分为哪些方法其各自特点是什么？
3. 重量分析法有哪些主要的操作步骤？

项目六　典型有机物的测定

任务1　测定环境空气中的总烃、甲烷和非甲烷总烃含量

【任务目标】

知识目标

1. 理解气相色谱法采样的重要性。
2. 掌握气相色谱法几种采样方法。
3. 熟悉气相色谱法常见试样的制备方式。
4. 熟悉气相色谱分析的基本原理、基本流程。
5. 熟悉气相色谱仪的基本结构和使用方法。

能力目标

1. 能够掌握常见试样的采集与制备方式。
2. 能按标准检测要求规范完成操作规程。

素质目标

1. 树立真实记录、严肃认真的科学态度。
2. 养成务实、严谨的工作习惯和工作作风。
3. 树立崇高的职业道德。

【知识储备】

一、气相色谱分析法中气体样品的采集与制备

气体样品的采集是十分重要的，它决定了检测结果的真实性、准确性和可靠性。如城市环境的空气质量监测、民用建筑的室内空气质量监测、工作场所空气中有害物质控制等领域都涉及空气样品的采集。

但气体样品看似均匀，却包含了较复杂的物相组成，其中含有各种不同大小粒径的颗粒物，大气样品中的污染物也总是处于气相与颗粒物的动态平衡之中。加上空气的可流动性、各检测点周边环境的复杂性以及众多影响因素的不确定性，给空气质量检测带来很大困难。

因而，需要严格规范采样的操作方法和相关设备，以确保采样的真实性和代表性。为保证检测结果的统一和具有可比性，应将不同温度和压力下采集的气体体积折算成“标准采样体积”，按下式换算：

$$V_0 = V_t \times \frac{293}{293+t} \times \frac{P}{101.3}$$

式中 V_0——标准采样体积，L；

V_t——温度 t 时大气压为 P 时的采样体积，L；

t——采样点的温度，℃；

P——采样点的大气压，kPa。

实际上往往只有温度高于 35℃或低于 5℃，及气压高于 103.4kPa 或低于 98.8kPa 时才使用该公式进行体积校正。

采集气体样品的方法，实际上主要采用的有直接采样法、富集采样法（包括有泵型采样法的溶液吸收法和固体吸附法，以及低温冷凝法、静电沉降法等）和无动力采样法。

1. 直接采样法

在空气中浓度较高或所用分析方法灵敏度很高且可直接进样分析即能满足检测要求的被测组分可用直接采样法采集。常用的采样容器有注射器、专用的定体积塑料袋、球胆、真空瓶等。在不宜使用有泵型采样法时（如在需要防爆的场所），也应选用该法采集现场的气体样品。大气样品的直接采样法见表 6-1。

表 6-1 大气样品的直接采样法

方法	操作要求
注射器采样法	采样前应对注射器进行磨口密封性检查。采样时，先用现场空气抽洗 2～3 次后，再抽样至 100mL，迅速用橡皮帽密封进气口，带回实验室分析。采样后样品不宜长时间存放，最好当天分析完毕。此法多用于有机蒸气的采集
塑料袋、球胆采样法	应选择与气体中污染组分不发生化学反应，不吸附、不渗漏的塑料袋。常用的塑料袋有聚乙烯袋、聚四氟乙烯袋和聚酯袋等。采样时，为了减少对被测物质的吸附，有些塑料袋内壁衬有金属膜，如衬银、铝等 采样前可将采样袋抽取真空，或采样时用二连球打入现场空气冲洗 2～3 次后，再充满被测样品，密闭进气口，带回实验室用气相色谱仪尽快分析 球胆采样是借助抽气泵将气体压进球胆
真空瓶采样法	所用的采样瓶（或采样管）须用耐压玻璃制成，容积一般为 50～1000mL。抽真空时瓶外面应套有安全保护套，一般抽至剩余压力为 1.33kPa 左右即可，如瓶中预先装有吸收液，可抽至溶液冒泡为止。采样时，在现场打开瓶塞，被测空气即冲进瓶中，关闭瓶塞，带回实验室分析。采集体积为真空采样瓶（管）的体积，若真空度达不到所要求的 1.33kPa，采样体积的计算应扣除剩余压力。计算公式为： $V = V_0 \frac{(P-P')}{P}$ 式中 V_0——真空采样瓶体积，L； V——采样体积，L； P——大气压，kPa； P'——瓶中剩余压力，kPa

对于天然气和液化石油气的采集，可借助于采样器进行。采样器应用适宜等级的不锈钢制成，常用双阀排出管型。采样器的大小可按实验需要量确定。

2. 富集采样法

富集采样法又称“浓缩采样法”。当空气中被测组分浓度很小，所采用的分析方法无法直接测出其含量时，需要用富集采样法进行空气样品的采集，以增大被测组分的浓度。富集采样法大多需借助动力将气体导入选定的容器中，并利用容器中预置的材料将特定被测组分进行吸收，达到富集的目的。富集采样法的采样时间一般较长，所得结果是采样时间内的被测物质的平均浓度。从环境保护角度看，它更能够反映环境污染的真实情况，故富集采样法在空气污染监测中有重要意义。

富集采样法是使大量的气体样品通过吸收液或固体吸收剂得到吸收或阻留，使原来浓度较小的被测组分得到浓缩，以利于分析测定。它包括溶液吸收法、固体吸附法、静电沉降法、低温冷凝法、滤膜采样法等，需根据被测物质的理化性质、在空气中的存在形式、所选用的分析方法、检测的目的要求等进行合理的选择。如在职业卫生检测中，富集采样法有定点采样和个体采样两种方式。

（1）溶液吸收法　溶液吸收法是采集大气中气态、蒸气态及某些气溶胶态污染物质的常用方法。采样时，用抽气装置将欲测空气以一定流量抽入装有吸收液（如水、溶液、有机溶剂等）的吸收管（瓶）。采样结束后，对吸收液进行测定。

（2）固体吸附法　固体吸附法借助固体吸附剂采集空气中的被测物质，当空气样品通过固体吸附剂采样管时，空气中的气态和蒸气态物质被多孔性大比表面积的固体吸附剂吸附而滞留于吸附管中。其中，靠分子间作用力产生的物理吸附相对较弱，加热易解吸；靠化学亲和力而形成的化学吸附作用较强，不易在物理作用下解吸。

（3）低温冷凝法　低温冷凝法主要用于常温下难以被固体吸附及阻留的低沸点气态物质的采集，当气样通过采样管时，因处于低温被冷凝在采样管中。若采样管中再填有一些选定的吸附剂将更能提高采集效率。采样完毕后封闭两端，然后在室温或加热条件下进行气化和组分测定。

需要注意的是空气中的水蒸气及其他低沸点的非被测物质也会一起被凝结在采样管中，这将对测定造成误差，应设法消除，可在采样管前加干燥管除去。采用气相色谱法进行样品检测通常可消除水蒸气的影响。低温冷凝法可选用的制冷剂见表 6-2。

表 6-2　低温冷凝法可选用的制冷剂

制冷剂	最低温度/℃	制冷剂	最低温度/℃
冰-水	0	液氨	−33
NaCl-碎冰(1∶3)	−20	干冰	−78.5
NaCl-碎冰(1∶2)	−22	氧化亚氮	−89.8
NH_4Cl-冰(1∶4)	−15	甲烷	−161.4
NH_4Cl-冰(1∶2)	−17	液氧	−183.0
$CaCl_2$-冰(1∶1)	−29	液氮	−195.8
$CaCl_2 \cdot 6H_2O$-冰(1.25∶1)	−40.3	液氢	−252.8
		液氦	−268.9

（4）静电沉降法　静电沉降法常用于采集空气中的气溶胶。其原理是：当空气样品通过 12～20kV 电压的电场时，气体分子被电离，所产生的离子被气溶胶粒子吸附而使微粒带电荷。该带电粒子在电场力作用下沉降到电极上。然后将收集在电极表面的沉降物质洗下即可进行分析。该方法采集样品具有采样速度快、效率高、操作简便的特点，但仪器设备及维护要求较高，且不能在有易爆性气体、蒸气或粉尘存在的场所使用，以免发生危险。

3. 无动力采样法

无动力采样法也称扩散采样法，是利用被测物质分子的自身运动（扩散或渗透）到达吸收液或固体吸附剂表面而被吸收或吸附，不需要抽气动力。无动力采样法又分为扩散法和渗透法。

（1）扩散法　扩散法是根据菲克（Fick）第一定律，即物质分子在空气中沿浓度梯度运动进行采样。

（2）渗透法　渗透法是利用被测物质分子的渗透作用来完成采样的目的。分子通过渗透膜进入吸附剂或吸收液而被吸附或吸收。

二、气相色谱分析法的分离原理

色谱法起源于植物叶绿素的分离，是一种分离技术，该分离技术应用于分析化学中，就是色谱分析（又称层析分析）。色谱分析可分为气相色谱分析（GC）和液相色谱分析（LC）。

气相色谱分析法是指流动相为气体（又称载气）的色谱分析法，常用的载气有氢气、氮气、惰性气体。气相色谱分析法是依据物质的物理化学性质的不同（极性、溶解度、分子大小、离子交换能力等）而进行的分离分析方法。气体和易于挥发的液体或固体等试样都可用气相色谱分析进行分离和测定。

气相色谱分析是利用不同物质在固定相（不动的一相）和流动相（载气）两相间分配系数的不同进行分离的。物质在固定相和流动相之间发生的吸附—脱附或溶解—挥发的过程，称为分配过程，被测组分按一定比例分配在流动相和固定相之间。在一定温度下组分在两相之间分配达到平衡时的浓度之比称为分配系数，用 K 表示。

$$K = \frac{c_s}{c_M}$$

式中，c_s 为组分在固定相中的浓度；c_M 为组分在流动相中的浓度。

分配系数（K）是色谱分离的依据，它与被分离组分、固定相、流动相以及温度有关。一般来说，分配系数在低浓度时为一常数。在一定温度下，各物质在两相之间的分配系数是不同的。显然，分配系数小的组分，每次分配在流动相（载气）中的浓度比较大，因此就较早地流出色谱柱。而分配系数大的组分，每次分配在流动相中的浓度较小，因而流出色谱柱的时间较迟。当分配次数足够多时，就能将不同的组分分离开来。

由此可见，气相色谱分析的分离依据是不同物质在两相间具有不同的分配系数。当两相作相对运动时，试样中的各组分就在两相中进行反复多次的分配，使得原来分配系数只有微小差异的各组分产生很大的分离效果，从而使各组分彼此分离开来。

三、气相色谱仪的结构及分析流程

1. 气相色谱仪的结构

气相色谱仪的型号种类很多，据仪器的气路结构分为单柱单气路填充气相色谱仪和双柱双气路填充气相色谱仪两种。气相色谱仪一般由气路系统、进样系统、柱分离系统、检测系统、信号记录系统等五个系统组成，如图 6-1 所示。

（1）载气系统　包括气源、气体净化、气体流速控制和测量。

（2）进样系统　包括进样器、气化室。

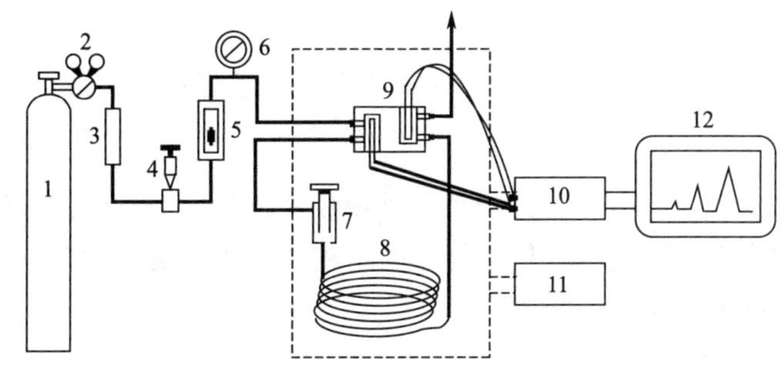

图 6-1　气相色谱分析流程示意图

1—载气钢瓶；2—减压阀；3—净化干燥管；4—针形阀；5—流量计；6—压力表；7—进样器；
8—色谱柱；9—热导检测器；10—放大器；11—温度控制器；12—记录仪

（3）色谱柱和柱箱　包括温度控制装置。

（4）检测系统　包括检测器、检测器的电源及控温装置。

（5）记录系统　包括放大器、记录仪，有的仪器还有数据处理装置。

2. 气相色谱仪的分析流程

气相色谱法是采用气体作为流动相的一种色谱法。在此法中，载气（不与被测物质作用，用来载送试样的气体，如 N_2、H_2、He 等）由高压钢瓶供给，经减压阀减压后，进入载气净化器以除去载气中的水分和杂质，由稳压阀和稳流阀控制载气的压力和流量，再流经进样器（包括气化室）。试样从进样器注入（待流量、温度及基线稳定后，即可进样。液体试样用微量注射器吸入，由进样器注入），由不断流动的载气携带进入色谱柱，由于试样中各组分与固定相作用力不同（分配系数的差异），按照作用力由小到大顺序依次被载气带出色谱柱，从而将各组分分离，各组分依次进入检测器后放空。检测器将物质的浓度或质量变化转变为电信号，由记录仪记录，得到色谱图，如图 6-2 所示。

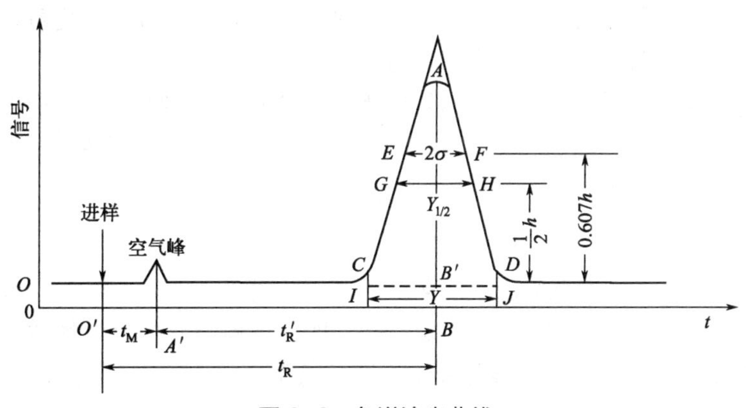

图 6-2　色谱流出曲线

四、色谱图及色谱分析基本参数

色谱分析时，各组分在检测器上产生的信号强度对时间（t）所作的图称为色谱流出曲线，简称色谱图。由于电信号（电压或电流）强度与物质的浓度成正比，所以色谱流出曲线实际上是浓度-时间曲线，如图 6-2 所示。

利用色谱流出曲线可以解决以下问题：①根据色谱峰的位置（保留值）可以进行定性鉴定；②根据色谱峰的面积或峰高可以进行定量测定；③根据色谱峰的位置及其宽度，可以对色谱柱分离情况进行评价。

现以上述组分的流出曲线图（图 6-2）来说明有关色谱基本概念。

1. 基线

基线是指在正常实验操作条件下，当色谱柱中仅有流动相通过时，检测器所产生的响应值，基线反映检测器噪声随时间的变化。稳定的基线是一条直线（如图 6-2），若基线上斜或下斜，称为漂移。基线的上下波动称为噪声。

2. 色谱峰和拖尾因子

（1）色谱峰　在色谱分析过程中，色谱流出曲线的凸起部分称为色谱峰（如图 6-2）。常见的色谱峰有以下三种类型：

① 高斯峰。对称的色谱峰称为高斯峰（正常峰）。

② 前伸峰。前沿平伸后沿陡峭的色谱峰称为前伸峰。

③ 拖尾峰。前沿陡峭后沿拖尾的色谱峰称为拖尾峰。

在色谱分析过程中，我们希望得到的是高斯峰，但在实际分析工作中，拖尾峰往往居多。在低浓度下可得到较好的峰形，为了防止拖尾，控制较小的进样量是很有必要的。

（2）拖尾因子　为保证测量精度，特别当采用峰高法测量时，应检查待测峰的拖尾因子，计算公式为：

$$T=\frac{Y_{0.05h}}{2d_1} \tag{6-1}$$

式中，$Y_{0.05h}$ 为 0.05 倍峰高处的宽度；d_1 为峰的极大值至前沿之间的距离。一般 T 应在 0.95～1.05。

3. 色谱峰区域宽度

色谱峰区域宽度是色谱流出曲线中的一个重要参数。从色谱分离角度看，希望区域宽度越窄越好。通常度量色谱峰区域宽度有三种方法。

（1）标准偏差（σ）　即 0.607 倍峰高处色谱峰宽度的一半，如图 6-2 中 EF 距离的一半。

（2）半峰宽（$Y_{1/2}$）　又称半宽度或区域宽度，即峰高为一半处的宽度，如图 6-2 中 GH 所示。它与标准偏差的关系为

$$Y_{1/2}=2\sigma\sqrt{2\ln 2}=2.35\sigma \tag{6-2}$$

由于 $Y_{1/2}$ 易于测量，使用方便，所以常用它表示区域宽度。

（3）峰宽（Y）　又称基线宽度或峰底宽度，即色谱峰两侧拐点上的切线在基线上的截距，如图 6-2 中 IJ 所示。它与标准偏差和半峰宽的关系为

$$Y=4\sigma$$

$$Y=1.699Y_{1/2} \tag{6-3}$$

4. 保留值

保留值是色谱定性分析参数。它体现了试样中各组分在色谱柱中的滞留情况。在固定相中溶解性越好，或与固定相的吸附越强的组分，在色谱柱中的时间越长，或者将组分带出色谱柱所需流动相的体积越大。所以保留值可用保留时间或保留体积（将组分带出色谱柱所需流动相的体积）来表示。

（1）死时间（t_M）　是指不被固定相吸附或溶解的物质从进样开始到柱后出现极大点时所需的时间，例如气相色谱中空气峰的出峰时间即为死时间，如图 6-2 中 $O'A'$ 所示。显然，死时间与色谱柱的空隙体积成正比。由于这种物质不被固定相吸附或溶解，故其移动速度与流动相的移动速度相近。测定流动相平均线速 u，死时间可以用柱长（L）和 u 的比值计算：

$$t_M = \frac{L}{u} \tag{6-4}$$

（2）保留时间（t_R）　被测组分从进样开始至柱后出现色谱峰最高点时所需要的时间称为该组分的保留时间，如图 6-2 中 $O'B$ 所示。当色谱柱中的固定相、柱温、流动相的流速等操作条件保持不变时，一种组分只有一个 t_R 值，故 t_R 可以作为定性分析的指标。

（3）调整保留时间（t'_R）　是指扣除死时间后的保留时间，如图 6-2 中 $A'B$，即：

$$t'_R = t_R - t_M \tag{6-5}$$

该参数可理解为，某组分由于溶解或吸附于固定相，比不溶解或不被吸附的组分在色谱柱中多滞留的时间。因扣除了死时间，所以比保留时间更真实地体现了该组分在色谱柱中的保留行为。t'_R 扣除了与组分性质无关的 t_M，所以作为定性指标比 t_R 更合理。

（4）死体积（V_M）　不能被固定相滞留的组分从进样至出现色谱峰最高点时所消耗流动相的体积。即由进样口到柱后出口，未被固定相所占据的体积，也可说是色谱柱中所有空隙的总体积。

（5）保留体积（V_R）　是指从进样开始到某组分在柱后出现浓度最大值时所通过的流动相体积。

（6）调整保留体积（V'_R）　是指扣除死体积后的保留体积，即组分停留在固定相时所消耗的流动相体积。

5. 峰高（h）和峰面积（A）

色谱峰的峰高（h）和峰面积（A）是色谱定量分析的参数。

（1）峰高（h）　色谱峰的峰高是从色谱峰顶点到基线之间的距离。从峰底向上至 $0.5h$ 处的峰高称为半峰高；至 $0.607h$ 处的峰高称为拐点峰高。

（2）峰面积（A）　色谱峰的峰面积为色谱峰与峰底之间的面积。色谱峰的峰面积可由色谱仪中的处理器或积分仪求得，也可以采用以下方法计算求得。

对于对称的色谱峰：

$$A' = 1.065hY_{1/2} \tag{6-6}$$

对于不对称的色谱峰：

$$A = 1.065h\frac{Y_{0.15} + Y_{0.85}}{2} \tag{6-7}$$

所谓平均峰宽是指在峰高 0.15 和 0.85 处分别测峰宽，然后取其平均值。对于不对称色谱峰使用此法可得较准确的结果。

【任务实施】

一、任务说明

中华人民共和国国家环境保护标准 HJ 604—2017 规定了测定环境空气中总烃、甲烷和非甲烷总烃的直接进样-气相色谱法。将气体样品直接注入具火焰离子化检测器的气相色谱仪，分别在总烃柱和甲烷柱上测定总烃和甲烷的含量，两者之差即为非甲烷总烃的含量。同时以除烃空气代替样品，测定氧在总烃柱上的响应值，以扣除样品中的氧对总烃测定的干扰。

总烃（THC）是指在本标准规定的测定条件下，在气相色谱仪的火焰离子化检测器（FID）上有响应的气态有机化合物的总和。

非甲烷总烃（NMHC）是指在本标准规定的测定条件下，从总烃中扣除甲烷以后其他气态有机化合物的总和（除非另有说明，结果以碳计）。

二、任务准备

1. 仪器

（1）采样容器　全玻璃材质注射器，容积不小于 100mL，清洗干燥后备用；气袋材质符合 HJ 732 的相关规定，容积不小于 1L，使用前用除烃空气清洗至少 3 次。

（2）真空气体采样箱　由进气管、真空箱、阀门和抽气泵等部分组成，样品经过的管路材质应不与被测组分发生反应。

（3）气相色谱仪　具氢火焰离子化检测器。

（4）进样器　带 1mL 定量管的进样阀或 1mL 气密玻璃注射器。

（5）色谱柱

① 填充柱。甲烷柱，不锈钢或硬质玻璃材质，2m×4mm，内填充粒径 180～250μm（80～60 目）的 GDX-502 或 GDX-104 担体；总烃柱，不锈钢或硬质玻璃材质，2m×4mm，内填充粒径 180~250μm（80～60 目）的硅烷化玻璃微珠。

② 毛细管柱。甲烷柱，30m×0.53mm×25μm 多孔层开口管分子筛柱或其他等效毛细管柱；总烃柱，30m×0.53mm 脱活毛细管空柱。

2. 试剂

① 除烃空气。总烃含量（含氧峰）≤0.40mg/m^3（以甲烷计）；或在甲烷柱上测定，除氧峰外无其他峰。

② 甲烷标准气体。10.0μmol/mol，平衡气为氮气。也可根据实际工作需要向具资质生产商定制合适浓度标准气体。

③ 氮气。纯度≥99.999%。

④ 氢气。纯度≥99.99%。

⑤ 空气。用净化管净化。

⑥ 分析纯化学试剂和蒸馏水。

⑦ 标准气体稀释气：高纯氮气或除烃氮气，纯度≥99.999%，按样品测定步骤测试，总烃测定结果应低于本标准方法检出限。

3. 样品

（1）样品采集　环境空气按照 HJ 194 和 HJ 664 的相关规定布点和采样；污染源无组织排放监控点空气按照 HJ/T 55 或者其他相关标准布点和采样。采样容器经现场空气清洗至少 3 次后采样。以玻璃注射器满刻度采集空气样品，用惰性密封头密封；以气袋采集样品的，用真空气体采样箱将空气样品引入气袋，至最大体积的 80%左右，立刻密封。

（2）运输空白　将注入除烃空气的采样容器带至采样现场，与同批次采集的样品一起送回实验室分析。

（3）样品保存　采集样品的玻璃注射器应小心轻放，防止破损，保持针头端向下状态放入样品箱内保存和运送。

样品常温避光保存，采样后尽快完成分析。玻璃注射器保存的样品，放置时间不超过 8h；气袋保存的样品，放置时间不超过 48h，如仅测定甲烷，应在 7d 内完成。

三、工作过程

1. 色谱条件

进样口温度：100℃。

柱温：80℃。

检测器温度：200℃。

载气：氮气，填充柱流量 15～25mL/min，毛细管柱流量 8～10mL/min。

燃烧气：氢气，流量约 30mL/min。

助燃气：空气，流量约 300mL/min。

毛细管柱尾吹气：氮气，流量 15～25mL/min，不分流进样。

进样量：1.0mL。

2. 校准

（1）校准系列的制备　以 100mL 注射器（预先放入一片硬质聚四氟乙烯小薄片）或 1L 气袋为容器，按 1：1 的体积比，用标准气体稀释气将甲烷标准气体逐级稀释，配制 5 个浓度梯度的校准系列，该校准系列的浓度分别是 0.625μmol/mol、1.25μmol/mol、2.50μmol/mol、5.00μmol/mol、10.0μmol/mol。

注：校准系列可根据实际情况确定适宜的浓度范围，也可选用动态气体稀释仪配制，或向具资质生产商定制。

（2）绘制校准曲线　由低浓度到高浓度依次抽取 1.0mL 校准系列，注入气相色谱仪，分别测定总烃、甲烷。以总烃和甲烷的浓度（μmol/mol）为横坐标，以其对应的峰面积为纵坐标，分别绘制总烃、甲烷的校准曲线。

注：当样品浓度与校准气体浓度相近时可采用单点校准，单点校准气应至少进样 2 次，色谱响应相对偏差≤10%，计算时采用平均值。

（3）标准色谱图　在上述色谱分析参考条件下，毛细管柱上的标准色谱图和填充柱上的标准色谱图如图 6-3 和图 6-4。

3. 样品测定

（1）总烃和甲烷的测定　按照与绘制校准曲线相同的操作步骤和分析条件，测定样品的总烃和甲烷峰面积，总烃峰面积应扣除氧峰面积后参与计算。

注：总烃色谱峰后出现的其他峰，应一并计入总烃峰面积。

（2）氧峰面积的测定　按照与绘制校准曲线相同的操作步骤和分析条件，测定除烃空气在总烃柱上的氧峰面积。

4. 空白试验

运输空白样品按照与绘制校准曲线相同的操作步骤和分析条件测定。

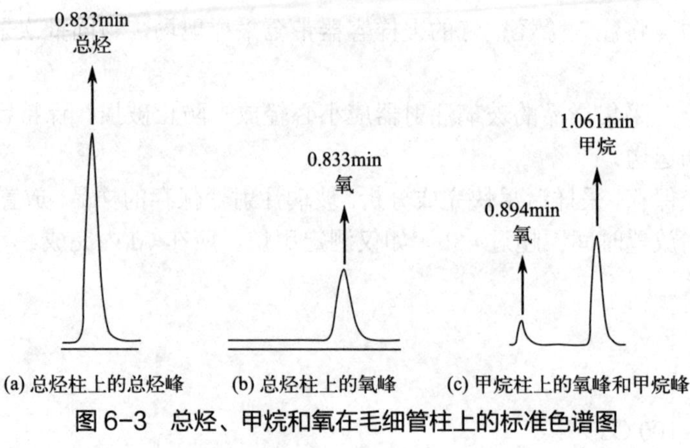

图 6-3 总烃、甲烷和氧在毛细管柱上的标准色谱图

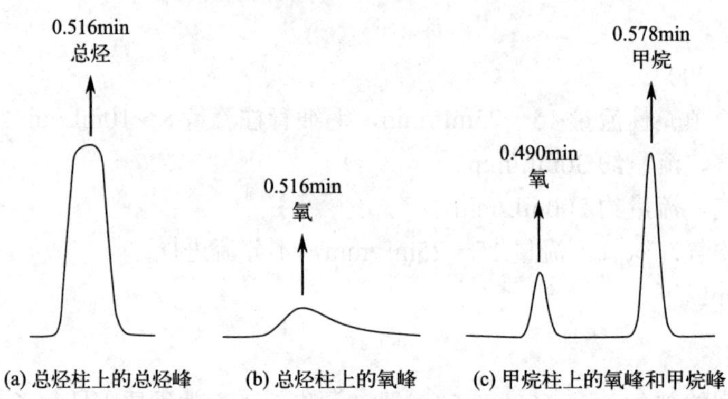

图 6-4 总烃、甲烷和氧在填充柱上的标准色谱图

四、数据记录与处理

1. 结果计算

样品中总烃、甲烷的质量浓度，按照下式进行计算：

$$\rho = \varphi \times \frac{16}{22.4}$$

式中 ρ——样品中总烃或甲烷的质量浓度（以甲烷计），mg/m^3；

φ——从校准曲线或对比单点校准点获得的样品中总烃或甲烷的浓度（总烃计算时应扣除氧峰面积），μmol/mol；

16——甲烷的摩尔质量，g/mol；

22.4——标准状态（273.15K，101.325kPa）下气体的摩尔体积，L/mol。

样品中非甲烷总烃的质量浓度，按照下式进行计算：

$$\rho_{NMHC} = (\rho_{THC} - \rho_{M}) \times \frac{12}{16}$$

式中 ρ_{NMHC}——样品中非甲烷总烃的质量浓度（以碳计），mg/m^3；

ρ_{THC}——样品中总烃的质量浓度（以甲烷计），mg/m^3；

ρ_{M}——样品中甲烷的质量浓度（以甲烷计），mg/m^3；

12——碳的摩尔质量，g/mol；

16——甲烷的摩尔质量，g/mol。

注：非甲烷总烃也可根据需要以甲烷计，并注明；单独检测甲烷时，结果可换算为体积分数等表达方式。

2. 结果表示

当测定结果小于 1mg/m^3 时，保留至小数点后两位；当测定结果大于等于 1mg/m^3 时，保留三位有效数字。

五、精密度与准确度

1. 精密度

6 家实验室对含总烃的质量浓度（以甲烷计）为 1.47mg/m^3，7.14mg/m^3 和 36.4mg/m^3 的统一样品进行了 6 次重复测定，实验室内相对标准偏差分别为：1.0%～9.8%，0.1%～6.0%，0.6%～6.0%；实验室间相对标准偏差分别为：9.9%，2.2%，1.6%；重复性限为：0.27mg/m^3，0.21mg/m^3，1.8mg/m^3；再现性限为：0.46mg/m^3，0.49mg/m^3，2.3mg/m^3。各实验室测定总烃浓度（以甲烷计）介于 0.85～4.71mg/m^3 的实际环境空气样品的相对标准偏差为 0.7%～6.0%。

6 家实验室对含甲烷浓度（以甲烷计）为 1.47mg/m^3，7.14mg/m^3 和 36.4mg/m^3 的统一样品进行了 6 次重复测定，实验室内相对标准偏差分别为：2.6%～7.1%，0.4%～2.5%，1.0%～2.0%；实验室间相对标准偏差分别为：2.2%，1.8%，1.4%；重复性限为：0.23mg/m^3，0.37mg/m^3，1.6mg/m^3；再现性限为：0.24mg/m^3，0.50mg/m^3，2.1mg/m^3。各实验室测定甲烷浓度（以甲烷计）介于 1.21～2.14mg/m^3 的实际环境空气样品的相对标准偏差为 2.3%～5.2%。

2. 准确度

6 家实验室对含总烃的质量浓度（以甲烷计）为 1.47mg/m^3，7.14mg/m^3 和 36.4mg/m^3 的统一样品进行了 6 次重复测定，相对误差分别为：–9.7%～7.0%，–0.8%～5.1%，–1.7%～2.4%；相对误差最终值：–0.8%±11.8%，1.1%±4.6%，0.1%±3.2%。

6 家实验室对含甲烷浓度（以甲烷计）为 1.47mg/m^3，7.14mg/m^3 和 36.4mg/m^3 的统一样品进行了 6 次重复测定，相对误差分别为：–3.9%～4.8%，0.5%～4.1%，–0.6%～0.3%；相对误差最终值：2.3%±6.4%，1.8%±3.2%，–0.3%±0.6%。

六、质量保证和质量控制

① 采样容器采样前应使用除烃空气清洗，然后进行检查。每 20 个或每批次（少于 20 个）应至少取 1 个注入除烃空气，室温下放置不少于实际样品保存时间后，按样品测定步骤分析，总烃测定结果应低于本标准方法检出限。

注：重复使用的气袋，均须在采样前进行检查，总烃测定结果应低于本标准方法检出限。

② 标准曲线的相关系数应大于等于 0.995。

③ 运输空白样品总烃测定结果应低于本标准方法检出限。

④ 每批样品应至少分析 10%的实验室内平行样，其测定结果和相对偏差应不大于 20%。

⑤ 每批次分析样品前后，应测定校准曲线范围内有证标准气体，结果的相对误差应不大于 10%。

七、注意事项

① 采样容器使用前应充分洗净，经气密性检查合格，置于密闭采样箱中以避免污染。

② 样品返回实验室时，应平衡至环境温度后再进行测定。

③ 测定复杂样品后，如发现分析系统内有残留时，可通过提高柱温等方式去除，以分析除烃空气确认。

【巩固提高】

1. 简述气相色谱仪的分离原理。
2. 简述气相色谱仪的分析流程。

任务 2 测定丁醇异构体混合物中各组分含量

【任务目标】

知识目标

1. 了解分析试样的性质。
2. 熟悉气相色谱的操作条件。

能力目标

1. 能根据分析试样的性质正确选择气相色谱分析的操作条件。
2. 能规范地进行操作并记录、处理数据。

素质目标

1. 树立真实记录、严肃认真的科学态度。
2. 养成理论联系实际、求真、务实、严谨的工作习惯和工作作风。

【知识储备】

一、气相色谱分析条件的选择及优化

在气相色谱分析中，首先要选择合适的色谱柱，其次还要选择最佳分离操作条件以提高柱效，增大分离度，满足分离需要。

（一）色谱柱的选择

气相色谱分析中，所使用的色谱柱主要有两类：填充柱和毛细管柱。少数几个同类化合物的分析一般采用填充柱，不仅有价格上的优点，定量测定时误差也较小。在化合物类别较多、数量也较多的情况下，多用毛细管柱，如有机氯和有机磷农药、含氮除草剂、多氯联苯等的分析。另外，色谱柱的分离效果除与柱长、柱径和柱形有关外，还与所选用的固定相及柱填料的制备技术和操作条件等因素有关。

1. 填充柱

对于一定长度的填充柱，混合物在气相色谱柱中能否得到完全分离，主要取决于所选择的固定相，因此，选择适当的固定相是色谱分析中的关键。气相色谱固定相可分为三类：固体吸附剂、液体固定相和合成固定相。

（1）固体吸附剂　一般用于分离永久性气体（如 H_2、O_2、CO_2、CH_4 等）和低沸点混合物。气体在一般固定液中溶解度很小，不易分离。采用吸附剂作固定相，由于固体吸附剂对不同气体吸附能力各不相同，因而可得到较好的分离效果。气-固色谱法常用的几种吸附剂及其性能见表 6-3。

表 6-3　气-固色谱法常用的几种吸附剂及其性能

吸附剂	主要化学成分	最高使用温度/℃	性质	活化方法	分析对象	备注
活性炭	C	<300	非极性	粉碎过筛，用苯浸泡（除去硫黄、焦油等），在 350℃下用水蒸气洗至乳白色物质消失为止，最后在 180℃烘干备用。或在装柱后 140～180℃载气活化 2h	惰性气体，H_2、O_2、CO_2 等永久性气体及低沸点烃类。不适于分离极性化合物	加少量减尾剂或极性固定液可减少拖尾
石墨化碳黑	C	<500	非极性	粉碎过筛，用苯浸泡（除去硫黄、焦油等），在 350℃下用水蒸气洗至乳白色物质消失为止，最后在 180℃烘干备用。或在装柱后 140～180℃载气活化 2h	分离气体及烃类，对高沸点有机物也能获得较对称峰形	
硅胶	$SiO_2 \cdot nH_2O$	<400	氢键型	粉碎过筛后，用 6mol/L HCl 溶液浸泡 1～2h，水洗至无 Cl^-，180℃烘干备用。或在装柱后 200℃载气活化 2h	分离永久性气体及低级烃	通过活化（去水）和去活化（加水）处理，可控制吸附的活性
氧化铝	Al_2O_3	<400	极性	200～1000℃烘烤活化，冷至室温备用	分离烃类及有机异构体，低温可分离氢的同位素	随活化温度不同，含水量也不同，从而影响保留值和柱数
分子筛	$x(MO) \cdot y(Al_2O_3) \cdot z(SiO_2) \cdot nH_2O$	<400	强极性	用前在 350～550℃下烘烤活化 3～4h，或在 350℃真空下活化 2h。超过 600℃会破坏分子筛结构而失效	特别适用于永久性气体及惰性气体的分离	

由于吸附剂的性能与它的制备及活化条件密切相关，一般情况下，柱效不易重复，色谱峰不对称。为了克服上述缺点，可对吸附剂进行处理。最方便的处理方法是涂“减尾剂”，以减尾剂覆盖吸附剂表面的某些活性中心，使吸附性能趋于均匀，解决色谱峰的脱尾问题。常用的减尾剂为高沸点有机物，如鲨鱼烷、液体石蜡、硅油等，其用量为吸附剂质量的 1%～3%。减尾剂有时也用无机物如 $AgNO_3$、$CuCl_2$、$NaMnO_4$、NaOH、KOH 等。

（2）液体固定相　由惰性载体（又称担体）和涂覆在其表面的固定液组成。

① 担体。担体是一种有化学惰性、多孔性的固体颗粒，它的作用是提供一个大的惰性表面，用以承担固定液，使固定液以薄膜状态分布在其表面上。担体必须有较大的表面积及良好的热稳定性，无催化性，无吸附性。担体的粒度，一般常用 80～100 目，高效柱 100～120 目。

气相色谱中所用的担体，大致分为硅藻土型及非硅藻土型两类。硅藻土型担体由天然硅藻土煅烧而成，又有红色担体（如国产 6201、201 载体）与白色担体（如国产 101、405 载体）之分。非硅藻土型担体有氟载体、玻璃载体、素瓷、高分子多孔微球、无机盐、海砂等。

红色担体一般适用于分析非极性或弱极性物质。白色担体一般用于分析极性物质。非硅藻土型担体常利用其特殊性能作一些特殊分析，如聚四氟乙烯担体，可分析强极性、腐蚀性气体。

选择担体的大致原则：

a. 当固定液质量分数（固定液质量占担体质量的百分比）大于 5%时，可选用白色硅藻土型担体；大于 10%时，可选用红色硅藻土型担体。

b. 当固定液质量分数小于 5%时，可选用处理过的担体。

c. 对于高沸点组分，可选用玻璃微球担体。

d. 对于强腐蚀性组分，可选用聚四氟乙烯担体。

② 固定液。

a. 对固定液的要求。气相色谱固定液主要是一些高沸点的有机物，应具备如下条件：蒸气压低，热稳定性好；黏度、凝固点低，以便均匀涂在担体上；化学稳定性好，不与试样组分或载气发生不可逆反应；选择性好。

b. 固定液的选择。固定液的选择一般遵循“相似相溶”原理。即固定液性质和被测组分有某些相似性时，其溶解度就大。气相色谱中常以“极性”来说明固定液和被测组分性质。一般情况下，被测组分在与其极性相似的固定液中的溶解度大。因此，非极性试样应选用非极性固定液；中等极性试样应选用中等极性固定液；强极性试样应选用强极性固定液。对于醇、酚、胺等形成氢键的试样，选用氢键型固定液；对于极性试样和非极性试样的分离，一般选用极性固定液。常用的五种固定液如表 6-4。

表 6-4 常用的五种固定液

序号	名称	商品名	相对极性	最高使用温度/℃	溶剂	用途参考
1	甲基聚硅氧烷	SE-30 OV-101	+1	350	氯仿、甲苯	弱极性高沸点化合物
2	苯基（50%）甲基聚硅氧烷	OV-17	+2	300	丙酮、苯	弱极性高沸点化合物
3	三氟丙基（50%）甲基聚硅氧烷	OV-210 QF-1	+3	250	氯仿、二氯甲烷	卤化物、金属螯合物、甾类
4	聚乙二醇-20M	PEG-20M	+4	225	丙酮、氯仿	选择性保留分离含 N、O 官能团及杂环化合物
5	聚丁二酸二乙二醇酯	DEGS	+4	220	丙酮、氯仿	分离饱和及不饱和脂肪酸酯、苯二甲酸酯异构体

对于不能用单一固定液分离的复杂混合物，应选用混合固定液。大量实验证明，组分在混合固定液上的保留值具有加和性，可通过单一固定液上的保留值或相对保留值，用作图法求得混合固定液的配比。

（3）合成固定相　用于气相色谱中的合成固定相：一是以苯乙烯与二乙烯基苯或乙基二烯基苯与二乙烯基苯聚合而成的高分子多孔微球（GDX）；二是化学键合固定相。高分子多孔微球是一种新型键合固定相，是一种性能优良的吸附剂，既可直接作为气相色谱固定相，又可作为载体，用于气液色谱分析。使用不同的单体和共聚条件可获得不同极性的产品，因此聚合固定相已广泛用于烷烃、芳烃、卤代烃、醇、酚、醚、醛、酮、酸、胺及各种气体的分析。化学键合固定相是由一些化学试剂与硅胶表面的硅醇基经化学键合而成，这种键合固定相大致可分为硅氧烷型、硅酯型和硅碳型三种，在气相色谱中主要用于分析 1～3 个碳的烷烃、烯烃、炔烃、卤代烃和有机含氧化合物。其特点是使用温度高、变化范围宽、传质速度快。

填充柱主要用于组分不是很复杂的一般试样的分离。其缺点是柱的渗透性较小，传质阻力较大，不能用过长的柱，分离效率较低。

2. 毛细管柱

毛细管柱是用熔融二氧化硅拉制的空心管，也称为弹性石英毛细管，在柱内壁直接、间接涂布固定液或交联固定相的空心柱。柱内径通常为0.1～0.5mm，柱长30～50m，绕成直径20cm左右的环状。其分离效率比填充柱要高得多。毛细管柱分为填充型毛细管柱和开管型毛细管柱。

填充柱和毛细管柱的比较，如表6-5所示。

表6-5　填充柱与毛细管柱的比较

项目	填充柱	毛细管柱
内径/mm	2～6	0.1～0.5
长度/m	1～6	20～200
总塔板数	约10^3	约10^6
进样量/μL	0.1～10	0.01～0.2
进样器	直接进样	附加分流装置
检测器	热导检测器（TCD），FID等	常用FID
柱制备	简单	复杂
定量结果	重现性较好	与分流器设计性能有关

3. 柱长和内径的选择

由于分离度（又称分辨率，是指相邻两组分色谱峰的保留时间之差与两组分峰底宽度之和一半的比值）正比于柱长的平方根，所以增加柱长有利于分离。但增加柱长会使各组分的保留时间增加，延长分析时间，因此，在满足一定分离度的条件下，应尽可能使用短柱子。一般填充柱的柱长以1～6m为宜。

填充柱的内径过小易造成填充困难及柱压增大，给操作带来麻烦。增加色谱柱内径，可增加分离的试样量，但由于纵向扩散路径的增加，会使柱效降低。在一般分析工作中，色谱柱内径通常为3～4mm。

（二）载气及其流速的选择

气相色谱常用的载气有：H_2、N_2、He、Ar等。选择何种气体作载气应先考虑对不同检测器的适应性。使用热导检测器（TCD）时，选用氢或氦作载气，既能提高灵敏度，氢还能延长热敏元件钨丝的寿命；火焰离子化检测器（FID）宜用氮气作载气，也可用氢气；电子捕获检测器（ECD）常用氮气作载气（纯度大于99.99%）；火焰光度检测器（FPD）常用氮气或氢气作载气。

图6-5曲线的最低点所对应的塔板高度（H）值最小，故此点的载气流速称为最佳流速。最佳流速的理论塔板值虽最小，但所需时间往往过长。为缩短分析时间，可将流速略高于最佳流速。对于填充柱，N_2的最佳流速为10～12cm/s，H_2的最佳流速为15～20cm/s。通常载气的流速习惯上用柱前的体积流速表示，也可通过皂膜流量计在柱后测定。若色谱柱内径为3mm，

N_2的流速一般为40～60mL/min，H_2的流速为60～90mL/min。

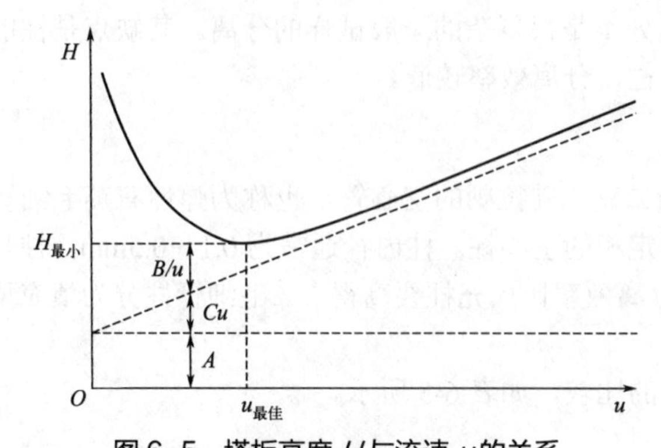

图6-5　塔板高度 H 与流速 u 的关系

A 为涡流扩散项，B 为分子扩散项，C 为传质阻力项，u 为平均线速

（三）柱温的选择

柱温直接影响分离效能和分析速度。柱温不能高于固定液的最高使用温度，否则会造成固定液大量挥发流失，但须高于固定液的熔点。实际工作中，一般根据试样的沸点来选择柱温（如表6-6所示），并与固定液用量及载体的种类等配合。

表6-6　柱温的选择

试样或沸点范围/℃	柱温/℃	固定液配比（固定液与载体的质量之比）	载体种类
气体、气态烃、低沸点试样	室温～100	(20～30)：100	红色硅藻土型载体
100～200	50～150	(10～20)：100	红色硅藻土型载体
200～300	150～180	(5～10)：100	白色硅藻土型载体
300～450	200～250	(1～5)：100	白色硅藻土型载体、玻璃载体

（四）进样条件的选择

1. 进样量和进样时间的选择

进样量要适当，所得色谱峰峰形对称，在一定操作条件下，保留值恒定。进样量太大，则峰形不对称程度增加，保留值变化。进样量太小，又会使含量少的组分因检测器灵敏度不够大而不能检出。最大允许的进样量，应控制在峰高或峰面积与进样量呈线性关系的范围内。

进样量与固定相总量及检测器灵敏度有关，每次进样的体积不应小于进样器总体积的10%。对于内径3～4mm、长2m、固定液用量为15%～20%的色谱柱，气体试样一般进样0.1～10μL，液体试样一般进样0.1～5μL。

要求迅速进样。用注射器或进样阀进样时，进样时间一般应在1s以内。若进样缓慢会造成半峰宽变宽，甚至使峰变形，不利于分离。

2. 气化室温度的选择

气化室温度取决于进样量及试样的沸点、挥发性等。进样后要有足够的气化温度，使液体试样迅速气化后被载体带入色谱柱中。在保证试样不分解的情况下，适当提高气化温度对分离及定量有利，尤其当进样量大时更是如此。气化室温度一般比柱温高30～70℃。气化室温度一般等于试样沸点或稍高于试样沸点，以保证试样能迅速完全气化。可通过实验检查气化室温度是否合适：若温度过高，出峰数目变化，重复进样时很难重现；温度太低则峰形不规则，出现平头峰或宽峰；若温度合适则峰形正常，峰数不变，并能多次重复。

3. 检测器温度的选择

为了使色谱柱的流出物不在检测器中冷凝而污染检测器，检测器的温度可等于气化室温度，或高于柱温 30℃左右。

二、色谱图的识别

色谱峰是待测组分由色谱柱流经检测器时响应的连续信号产生的微分曲线，又称为色谱流出曲线。

流出曲线的凸起部分称色谱峰，简称峰。正常色谱峰近似于对称形正态分布曲线（高斯曲线）。不对称色谱峰主要有前伸峰、拖尾峰、交叉峰、馒头峰等几种。色谱图的横轴为时间。它显示的是分析物通过色谱柱并到达检测器所需的时间。显示的峰对应于每个组分到达检测器所需的时间。分析过程中使用的色谱柱类型及 GC 参数（例如流速、进样温度、柱箱温度等）对保留时间有很大影响。因此，在比较来自不同分析或不同实验室的保留时间时，使用相同的参数来确保准确性至关重要。

色谱图的纵轴为浓度或强度计数。通常，色谱峰的峰高或峰面积反映了特定分析物的存在量。

三、气相色谱定性分析

色谱定性分析的任务是确定色谱图上各色谱峰所代表的物质。应用气相色谱法进行定性分析还存在着一定问题。色谱工作者在这方面作了很多的努力，建立了很多新方法和辅助技术，使气相色谱法在定性分析方面有了很大的进展，但仍不能令人十分满意。近年来，气相色谱与质谱、光谱等联用，这样既充分利用了色谱的高效分离能力，又利用了质谱、光谱的高鉴别能力，再加上计算机对数据的快速处理及检索，为未知物质的定性分析打开了一个广阔的前景。

气相色谱法定性的方法如下。

1. 保留值定性法

保留值定性法是最简单最常用的色谱定性方法。它是以固定相和操作条件恒定时，各种物质都有其一定的保留值为依据的。因为保留值并非专属的，所以，以色谱保留值定性仅仅是一个相对的方法。

对于一个未知样品的定性分析，常需要采用多种方法综合解决，例如与质谱、红外光谱或核磁共振谱等联用。

（1）已知物对照法　在相同色谱条件下，将样品与已知的标准物质分别进样，分别测量其保留值。如被测组分的保留值与在同色谱条件下测得的标准物质的保留值相同，二者就可能属于同一种物质。这种方式要求色谱条件十分稳定，保留值测量十分准确。

如果未知物与标准物质的保留值相同，但峰形不同，仍然不能认为是同一种物质。进一步的检验方法是将二者混合起来进行色谱实验。若发现有新峰或在未知峰上有不规则的形状（如峰略有分叉等）出现，则表示两者并非同一种物质；如果混合后峰增高而半峰宽并不相应增加，则表示两者很可能是同一物质。

（2）相对保留值法　相对保留值是指分析组分（i）与标准试样（S）调整保留值的比值。

$$r_{iS}=\frac{t'_{R_i}}{t'_{R_S}}=\frac{V'_{R_i}}{V'_{R_S}}=\frac{k_i}{k_S} \tag{6-8}$$

相对保留值（r_{iS}）法仅取决于它们的分配系数，而分配系数又取决于组分性质、柱温和固定液的性质。它与固定液的用量、柱长、柱填充情况及载气流速等操作条件无关。

相对保留值法的测定方法是：在某一色谱条件下，分别测定组分（i）与标准试样（S）调整保留值，按式（6-8）求出其相对保留值，即可进行定性分析。气相色谱手册或文献中有某些物质的相对保留值。

利用此法分析，可根据手册规定的实验条件及所用标准物质进行实验。

（3）加入已知物增加峰高法　当未知样品中组分较多，所得色谱峰过密，用上述方法不易辨认时，可使用此法。首先作出未知样品的色谱图，然后在未知样品中加入某种已知的标准物质，混合均匀后进样，在相同色谱条件下进行测定，又得一色谱图。对比加入标准物质前后的色谱图，若其色谱峰相对增高，则该色谱峰所代表的组分与标准物质可能为同一物质。

（4）保留指数定性法　保留指数由匈牙利色谱学家 Kovats 提出，又称科瓦茨指数，是一种准确度和重现性较其他保留数据都更好的定性参数，可根据所用的固定相和柱温直接与文献上发表的保留指数值对照而不必用纯物质。

保留指数（I）是把物质的保留行为用两个紧靠近它的标准物（一般是两个正构烷烃）来标定，并用均一标度（即不用对数）来表示。

正构烷烃的保留指数则人为地定为其分子中所含碳原子数乘以 100，例如正戊烷、正己烷、正庚烷的保留指数分别为 500、600、700。因此，欲求某物质的保留指数，只要与两个相邻的正构烷烃混合在一起（或分别的），在给定条件下进行色谱实验，然后计算其保留指数。

将碳原子数为 n 和 n+1 的正构烷烃加入试样 X 中进行分析，若测得它们的调整保留时间分别为 $t'_{R(n)}$、$t'_{R(n+1)}$ 和 $t'_{R(x)}$。被测物质的 $t'_{R(x)}$ 值应恰好在 $t'_{R(n)}$ 和 $t'_{R(n+1)}$ 值之间。

被测组分的保留指数（I_x）可用下式计算：

$$I_x=100\left[n+\frac{\lg t'_{R(x)}-\lg t'_{R(n)}}{\lg t'_{R(n+1)}-\lg t'_{R(n)}}\right] \tag{6-9}$$

保留值可以用调整保留时间 t'_R、调整保留体积 V'_R 或相应的记录纸的距离表示。

【例 6-1】 在异三十烷色谱柱上，60℃测得己烷、庚烷和苯的调整保留时间分别为 262.1s、661.3s、395.4s，则苯的保留指数为多少？

解：

$$I_{(苯)}=100\times\left(6+\frac{\lg 395.4-\lg 262.1}{\lg 661.3-\lg 262.1}\right)=644$$

答：苯的保留指数为 644，以求得的保留指数与文献值对照，即可定性鉴定。

2. 与其它方法结合的定性法

（1）与化学方法配合进行定性分析　含有某些官能团的化合物，经一些特殊试剂处理后，会发生物理变化或化学反应，其色谱峰将会消失或提前或移后，比较处理前后色谱图的差异，就可初步辨认试样含有哪些官能团。使用这种方法时可直接在色谱系统中装上预处理柱。若反应过程进行较慢或较复杂的试探性分析，也可使试样与试剂在注射器内或其它小容器内反应，再将反应后的试样注入色谱柱。

有时也可收集柱后组分并与化学试剂反应，对出现的颜色或析出的沉淀进行非在线定性鉴别。这种方法是在柱末端装一支不锈钢毛细管，将毛细管插入化学试剂中。或用冷肼收集各组分后，分别用各类试剂进行反应。

（2）联用仪器定性法　由于气相色谱仪对未知物的结构识别能力有限，当对未知样品中所含组分全然不了解时，用保留值定性法有一定困难。而质谱仪（MS）、红外光谱仪、核磁共振仪（NMR）等对化合物的结构阐明特别有效。所以将具有分离能力的气相色谱仪与具有鉴别能力的仪器结合使用。组成GC-MS、GC-FTIR、GC-NMR等联用仪器。其中应用最多的是GC-MS与GC-FTIR，用质谱仪（MS）和傅里叶变换红外光谱仪（FTIR）代替了常用的气相色谱检测器，并能很好地由色谱峰进行定性。较复杂的混合物经色谱柱分离为单组分，再利用质谱、红外光谱或核磁共振等仪器进行定性鉴定。

3. 利用检测器选择性定性法

不同类型的检测器对各种组分的选择性和灵敏度是不相同的，例如热导检测器对无机物和有机物都有响应，但灵敏度较低；火焰离子化检测器对有机物灵敏度较高，而对无机气体、水分、二硫化碳等响应很小，甚至无响应；电子捕获检测器只对含卤素、氧、氮等电负性强的组分有高的灵敏度；火焰光度检测器只对含有硫、磷的物质有信号；碱盐火焰离子化检测器对含卤素、硫、磷、氮等杂原子的有机物特别灵敏。利用不同检测器具有不同的选择性和灵敏度，可以对未知物进行大致分类定性。

四、气相色谱定量分析

色谱定量分析的依据是在一定操作条件下，分析组分 i 的质量（m_i）或其在载气中的浓度（c_i）与检测器的响应信号（色谱图上表现为峰面积 A_i 或峰高 h_i）成正比，即

$$m_i = f_i A_i \tag{6-10}$$

由式（6-10）可见，在定量分析中需要：①准确测量峰面积（A_i）；②准确求出比例常数 f_i（绝对质量校正因子）；③根据公式正确选用定量计算方法，将测得组分的峰面积换算为质量分数。下面分别讨论。

1. 峰面积测量法

峰面积的测量直接关系到定量分析的准确度。根据峰形的不同，常用且简便的峰面积测量方法有以下几种。

（1）峰高乘半峰宽法　当色谱峰为对称峰时可采用此法。根据等腰三角形面积的计算方法，可认为峰面积近似等于峰高乘以半峰宽，即

$$A = hY_{1/2}$$

这样测得的峰面积为实际峰面积的0.94倍，实际峰面积应为：

$$A' = 1.065hY_{1/2}$$

在作绝对测量时（如测灵敏度），需乘以1.065。作相对计算时，1.065可略去，而不影响结果的准确性。

该法简单、快速，所以在实际工作中经常采用；但对于不对称峰、很窄或很小的峰，由于 $Y_{1/2}$ 测量误差较大，故不能应用此法。

（2）峰高乘峰底宽度法　这是一种通过作图求峰面积的方法。这种作图法测得的峰面积约为真实面积的 0.98 倍。对于宽且矮的峰，此法更准确些。但应注意，在同一分析中，只能用同一种近似测量方法。

（3）峰高乘平均峰宽法　所谓平均峰宽是指在峰高 0.15 和 0.85 处分别测峰宽，然后取其平均值。对于不对称色谱峰使用此法可得较准确的结果。

$$A = h \times \frac{(Y_{0.15} + Y_{0.85})}{2} \tag{6-11}$$

（4）峰高乘保留值法　此法适用于狭窄的峰，是一种简便快速的测量方法，常用于工厂控制分析。在一定操作条件下，同系物的半峰宽与保留时间成正比。相对计算时：

$$A = hY_{1/2} = ht_{\mathrm{R}} \tag{6-12}$$

（5）积分仪法　积分仪（又称数据处理机）是测量峰面积最方便的工具，速度快，线性范围宽（测量色谱峰的全部面积），精度一般可达 0.2%～2%，对于小峰和不对称峰、前伸峰和拖尾峰也能得出较准确的结果。数字电子积分仪能以数字的形式把每个峰的峰面积、保留时间及各峰面积的总和打印出来，有效数字大于四位，从而减小了人为误差，提高了定量准确性。

随着计算机技术在分析仪器上的广泛应用，许多色谱仪器已配有被称为“色谱工作站”的微型计算机控制系统，它不仅具有积分仪的所有功能，还能对仪器进行实时控制，对色谱输出信号自动进行数据采集和处理，以可视的图像和数据形式监控整个分析过程，以报告格式给出定量、定性分析结果，使测定的灵敏度、精度、稳定性和自动化程度都大大提高。

2. 定量校正因子

色谱定量分析是基于被测物质的量与其峰面积的正比关系。但由于同一检测器对不同的物质具有不同的响应值，所以两个相等量的物质出的峰面积往往不相等，这样就不能用峰面积直接计算物质的含量。为使检测器产生的响应信号能够真实地反映出物质的含量，就需要对响应值进行校正，故引入“定量校正因子”。

在一定的操作条件下，进样量（m_i）与响应信号（峰面积 A_i）成正比：$m_i = f_i A_i$

或写作：

$$f_i = \frac{m_i}{A_i} \tag{6-13}$$

式中，f_i 称为绝对质量校正因子，即单位峰面积所代表物质的质量。f_i 主要由仪器的灵敏度决定，不易准确测定，也无法直接应用。因此在定量分析工作中都是用相对校正因子，即某物质与一标准物质的绝对校正因子的比值，平常文献查得的校正因子都是相对校正因子。按照被测组分所用的计量单位的不同，相对校正因子可分为相对质量校正因子，相对摩尔校正因子等（常把“相对”二字省略）。

（1）质量校正因子 f'_m　质量校正因子是一种最常用的定量校正因子，即：

$$f'_m = \frac{f_i}{f_{\mathrm{S}}} = \frac{A_{\mathrm{S}} m_i}{A_i m_{\mathrm{S}}} \tag{6-14}$$

式中，i 和 S 分别代表被测物质和标准物质。

（2）摩尔校正因子 f'_M　若以物质的量计量，则：

$$f'_M = \frac{f_{i(M)}}{f_{S(M)}} = \frac{A_S m_i M_S}{A_i m_S M_i} = f'_m \frac{M_S}{M_i} \tag{6-15}$$

式中，M_i、M_S 分别代表被测物质和标准物质的摩尔质量。

（3）体积校正因子 f'_V　若以体积计量（气体试样），则体积校正因子等于摩尔校正因子，这是因为 1mol 任何气体在标准状况下其体积都是 22.4L。

$$f'_V = \frac{f'_{i(V)}}{f'_{S(V)}} = \frac{A_S m_i M_S \times 22.4}{A_i m_S M_i \times 22.4} = f'_M \tag{6-16}$$

（4）相对响应值 s'　是被测物质 i 与标准物质 S 的响应值（灵敏度）之比。当单位相同时，它与校正因子互为倒数，即：

$$s' = \frac{1}{f'} \tag{6-17}$$

s' 和 f' 只与试样、标准物质以及检测器类型有关，而与操作条件和柱温、载液流速、固定液性质等条件无关，因而是一个能通用的常数。

校正因子的测定方法是：准确称量试样和标准物质，混合后，在实验条件下进样分析，分别测量相应的峰面积，计算质量校正因子、摩尔校正因子。若数次测量数值接近，可取其平均值。

3. 几种常用的气相色谱定量分析法

（1）归一化法　当试样中各组分均能流出色谱柱，而且在色谱图上显示色谱峰时，可以使用归一化法进行定量计算。

假设试样中有 n 个组分，每个组分的质量分别为 $m_1, m_2, \cdots, m_n$，试样的质量为 m，各组分含量的总和为 100%，其中组分 i 的质量分数 ω_i 可按下式计算：

$$\omega_i = \frac{m_i}{m} \times 100\% = \frac{m_i}{m_1 + m_2 + \cdots + m_n} \times 100\%$$

所以

$$\omega_i = \frac{f_i A_i}{f_1 A_1 + f_2 A_2 + \cdots + f_n A_n} \times 100\% \tag{6-18}$$

式中，f_i 为质量校正因子，得质量分数；若为摩尔校正因子，则得摩尔分数或体积分数（气体）。

如果各组分的 f 值相同或相近，则上式可简化为：

$$\omega_i = \frac{A_i}{A_1 + A_2 + \cdots + A_n} \times 100\% \tag{6-19}$$

当所得各组分的色谱峰峰形狭窄而且对称，峰的半宽度变化不大时（当各种操作条件保持严格不变时，在一定的进样量范围内，峰的半宽度是不变的），也可用峰高 h 代替峰面积 A：

$$\omega_i = \frac{h_i f_i''}{h_1 f_1'' + h_1 f_2'' + \cdots + h_i f_i'' + \cdots + h_n f_n''} \times 100\% \qquad (6\text{-}20)$$

式中，f_i'' 为峰高校正因子。这种方法简便快速，最适合于工厂和一些具有固定分析任务的化验室使用。

归一化法的优点是：简便、准确，当操作条件如进样量、流速等变化时，对定量结果影响较小，适用于分析多组分试样中各组分的含量。但若试样中某组分在一定时间内不能流出色谱柱时，则不能采用此法定量。

（2）内标法　当只需测定试样中某几个组分，而且试样中各组分不能全部出峰时，采用内标法。

内标法称取一定质量的纯物质作为内标物加入准确称取的试样中，根据被测物与内标物的质量及其在色谱图上相应的峰面积比，可求出被测组分的含量。如要测定试样中质量为 m_i 的组分 i 的质量分数 ω_i，可在试样中加入质量为 m_S 的内标物，若试样质量为 m，则：

$$m_i = f_i A_i$$

$$m_S = f_S A_S$$

$$\frac{m_i}{m_S} = \frac{f_i A_i}{f_S A_S}$$

$$m_i = \frac{f_i A_i}{f_S A_S} \times m_S$$

$$\omega_i = \frac{m_i}{m} \times 100\% = \frac{f_i A_i}{f_S A_S} \times \frac{m_S}{m} \times 100\% \qquad (6\text{-}21)$$

一般情况下，常以内标物为基准，则 $f_S = 1$，此时计算式可简化为

$$\omega_i = \frac{A_i}{A_S} \times \frac{m_S}{m} f_i \times 100\% \qquad (6\text{-}22)$$

内标法是通过被测组分及内标物的峰面积的相对值进行计算的，因而由操作条件变化引起的误差，都将同时反映在内标物及被测组分上而得到抵消，所以可得到较准确的结果。内标法的优点就是定量准确，操作条件不必严格控制。缺点是每次分析时，试样及内标物都要准确称量。

内标物的选择也是重要的。它应该是试样中不存在的纯物质且须能溶于试样中；加入的量与被测组分接近；它的色谱峰位于被测组分色谱峰附近，或几个被测组分色谱峰的中间，并与这些组分完全分离；它与内标物的物理及物理化学性质（如沸点、化学结构、极性、溶解度等）相近，这样当操作条件变化时，更有利于内标物及被测组分作匀称的变化。

（3）内标标准曲线法　为减少称量及计算数据的麻烦，适用于工厂控制分析的需要，可采用内标曲线法定量测定，这是一种简化的内标法。如果称量同样量的试样，加入恒定量的内标物，则此式中 $\frac{f_i m_S}{f_S m} \times 100\%$ 为一常数，此时

$$\omega_i = \frac{m_i}{m} \times 100\% = \frac{f_i A_i}{f_S A_S} \times \frac{m_S}{m} \times 100\% = \frac{A_i}{A_S} \times 常数 \qquad (6\text{-}23)$$

即被测物质的质量分数与 A_i / A_S 成正比关系，以 ω_i 对 A_i / A_S 作图将得到一直线，如图 6-6 所示。

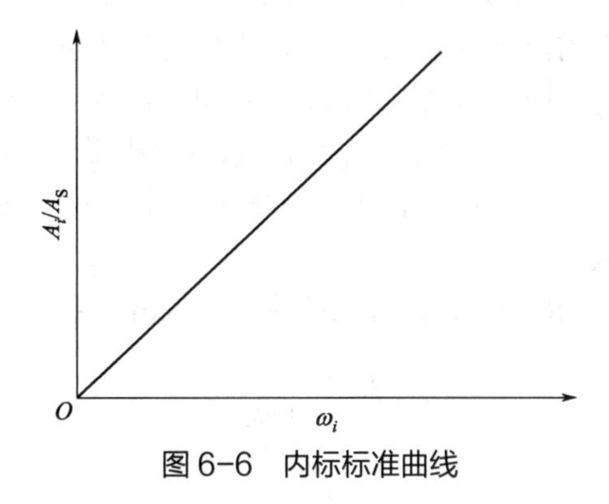

图 6-6　内标标准曲线

绘制标准曲线时，先将欲测组分的纯物质配成不同浓度的标准溶液。取固定量的标准溶液和内标物混合后进样分析，测定 A_i、A_S，以 A_i/A_S 对标准溶液浓度作图。分析时，取与绘制标准曲线时相同量的试样和内标物，测出其峰面积比，从标准曲线上查出被测物质的含量。此法不必测出校正因子，消除了某些操作条件的影响，也不需要严格定量进样，适用于液体试样的常规分析。

（4）外标法　外标法又称定量进样-标准曲线法，是用欲测组分的纯物质来绘制标准曲线，跟分光光度分析中标准曲线法是相同的。即用欲测组分的纯物质加稀释剂配制成不同质量分数的标准溶液，在一定的操作条件下定量进样分析，从所得色谱图上测出响应信号（峰面积或峰高等），然后绘制响应信号对质量分数的标准曲线。分析试样时，取和绘制标准曲线时相同量的试样（定量进样），由测得该试样的响应信号，自标准曲线上查出被测组分的质量分数。

外标法的优点是操作简单，计算方便，绘制出标准曲线后，计算时不需要用校正因子，适用于工厂控制分析。但是需要严格控制操作条件及进样量才能得到准确的结果。

当被测试样中各组分浓度变化范围不大时（如工厂控制分析），可不必制作标准曲线，而应用单点校正法。即配制一个和被测组分质量分数十分接近的标准溶液，定量进样，由被测组分和外标组分峰面积比或峰高比来计算被测组分的质量分数。

$$\frac{\omega_i}{\omega_S} = \frac{A_i}{A_S}$$

$$\omega_i = \frac{A_i}{A_S}\omega_S \qquad (6\text{-}24)$$

由于 ω_S 和 A_S 都为已知，所以可令 $K_i - \omega_S/A_S$，可得

$$\omega_i = A_i K_i$$

式中，K_i 为组分 i 的单位峰面积质量分数校正值。测得 A_i，乘以 K_i 即得被测组分的质量分数。该法假定标准曲线是经过坐标原点的直线，故可由一点决定这条直线，K_i 即直线的斜率，因而称之为单点校正法。

4. 气相色谱定量分析应用实例

【例 6-2】 乙醇试样中水分的测定（内标法）。将一洗净烘干的小瓶称量，再加入纯水和无水甲醇分别称量，得水的净质量为 1.7564g，甲醇的净质量为 2.1647g，将其混匀后，取一定量该溶液注入色谱仪，可得色谱图：A(水)=3.3cm^2，A(甲醇)=2.4cm^2。另取一个洗净烘干的小瓶称量，加入乙醇试样称量，再加入内标物无水甲醇称量。得试样质量为 4.1983g，甲醇质量为 0.0740g，混匀，取 1μL 注入色谱仪，获得色谱图：A(水)=5.5cm^2，A(甲醇)=1.1cm^2。求乙醇试样中水的质量分数。

解：f(水/甲醇)的计算：A(水)=3.3cm^2，A(甲醇)=2.4cm^2，据

$$f'_m = \frac{A_{\mathrm{S}} m_i}{A_i m_{\mathrm{S}}}$$

得

$$f(\text{水}/\text{甲醇}) = \frac{A(\text{甲醇})m(\text{水})}{A(\text{水})m(\text{甲醇})} = \frac{2.4 \times 1.7564}{3.3 \times 2.1647} = 0.5901$$

乙醇试样中水的质量分数的计算：已知 A(水)=5.5cm^2，A(甲醇)=1.1cm^2，根据

$$\omega_i = \frac{A_i}{A_{\mathrm{S}}} \times \frac{m_{\mathrm{S}}}{m} f_i \times 100\%$$

得

$$\omega(\text{水}) = \frac{A(\text{水})}{A(\text{甲醇})} \frac{m(\text{甲醇})}{m} f(\text{水}/\text{甲醇}) \times 100\% = \frac{5.5}{1.1} \times \frac{0.0740}{4.1983} \times 0.5901 \times 100\% = 5.20\%$$

答：乙醇试样中水的质量分数为 5.20%。

【例 6-3】 测试样中组分含量（归一化法）。在色谱柱上，将乙醇、正庚烷、苯、乙酸乙酯的混合物分离后，以热导检测器进行检测，所得分析数据如下：

组分	峰面积/cm^2	质量校正因子 f_m
乙醇	5.0	1.22
正庚烷	9.0	1.12
苯	4.0	1.00
乙酸乙酯	7.0	0.99

分别求乙醇、正庚烷、苯和乙酸乙酯的质量分数。

解：根据

$$\omega_i = \frac{f_i A_i}{f_1 A_1 + f_2 A_2 + \cdots + f_n A_n} \times 100\%$$

得

$$\omega(\text{乙醇}) = \frac{1.22 \times 5.0}{1.22 \times 5.0 + 1.12 \times 9.0 + 1.00 \times 4.0 + 0.99 \times 7.0} \times 100\% = 22.50\%$$

$$\omega(\text{正庚烷}) = \frac{1.12 \times 9.0}{1.22 \times 5.0 + 1.12 \times 9.0 + 1.00 \times 4.0 + 0.99 \times 7.0} \times 100\% = 37.18\%$$

$$\omega(\text{苯})=\frac{1.00\times 4.0}{1.22\times 5.0+1.12\times 9.0+1.00\times 4.0+0.99\times 7.0}\times 100\%=14.75\%$$

$$\omega(\text{乙酸乙酯})=\frac{0.99\times 7.0}{1.22\times 5.0+1.12\times 9.0+1.00\times 4.0+0.99\times 7.0}\times 100\%=25.56\%$$

答： 乙醇、正庚烷、苯和乙酸乙酯的质量分数分别为22.50%、37.18%、14.75%和25.56%。

【任务实施】

一、任务准备

1. 仪器

天美GC-7890（或其它型号）气相色谱仪、色谱柱、氢气钢瓶、试剂瓶。

2. 试剂

异丁醇、仲丁醇、叔丁醇、正丁醇（AR级）。

二、工作过程

① 配制混合试样。用一洁净且干燥的小瓶（可用青霉素瓶）称取0.4g叔丁醇、0.5g仲丁醇、0.7g异丁醇、0.9g正丁醇（称准至小数点后第三位），混合均匀，备用。

② 连接电源及相应的连线，接通载气，检查气路气密性。

③ 启动色谱仪，设置实验条件如下：柱温75℃，气化室温度160℃，热导检测器桥电流150mA，载气为氢气，载气流量20～30mL/min。

④ 按仪器操作步骤将仪器调节至可进样状态（待仪器电路和气路系统达到平衡，基线平直后即可进样）。

⑤ 清洗微量注射器，吸取混合试样0.6μL进样得各组分的色谱图。各组分的保留时间符合沸点规律，出峰顺序为叔丁醇（b.p. 32.6℃）、仲丁醇（b.p. 99.5℃）、异丁醇（b.p. 108.1℃）、正丁醇（b.p. 117.7℃）。

注意：若峰信号超出量程以外，试样量可酌情减少。

实验完成后，清洗进样器，按仪器操作步骤中的有关细节关闭仪器和载气，并做好实验结束工作和清理工作。

三、数据记录与处理

① 记录实验条件。

② 将在色谱峰图上测量出的各组分的峰高、峰面积等填入下表。

③ 按下式计算各组分的质量分数，并将其结果填入下表。

$$\omega_i=\frac{m_i}{m}\times 100\%=\frac{f_iA_i}{f_1A_1+f_2A_2+\cdots+f_nA_n}\times 100\%$$

丁醇异构体混合物各组分的测定

组分	f_m	A	h	ω
叔丁醇	0.98			
仲丁醇	0.97			
异丁醇	0.98			
伯丁醇	1.00			

四、注意事项

① 必须先通入载气，再开电源，试验结束时，应待柱温冷却至50℃以下，再关载气。

② 色谱峰过大过小时，应利用“衰减”键调整。

③ 微量注射器移取溶液时，必须注意液面上气泡的排除，抽液时应缓慢上提针芯，如有气泡，可将注射器针尖向上，使气泡上浮推出。

【巩固提高】

1. 归一化法定量分析的原理是什么？
2. 气相色谱仪操作过程的注意事项有哪些？

附 录

附录 1 国际单位制（SI）的基本单位

量的名称	单位名称	单位符号
长度	米	m
质量	千克（公斤）	kg
时间	秒	s
电流	安［培］	A
热力学温度	开［尔文］	K
物质的量	摩［尔］	mol
发光强度	坎［德拉］	cd

附录 2 常用酸、碱溶液的相对密度和浓度表

酸溶液的相对密度和浓度表

相对密度 (15℃)	HCl 的浓度		HNO_3的浓度		H_2SO_4的浓度	
	g/100g	mol/L	g/100g	mol/L	g/100g	mol/L
1.02	4.13	1.15	3.70	0.6	3.1	0.3
1.04	8.16	2.3	7.26	1.2	6.1	0.6
1.05	10.2	2.9	9.0	1.5	7.4	0.8
1.06	12.2	3.5	10.7	1.8	8.8	0.9
1.08	16.2	4.8	13.9	2.4	11.6	1.3
1.10	20.0	6.0	17.1	3.0	14.4	1.6
1.12	23.8	7.3	20.2	3.6	17.0	2.0
1.14	27.7	8.7	23.3	4.2	19.9	2.3

续表

相对密度(15℃)	HCl 的浓度		HNO_3的浓度		H_2SO_4的浓度	
	g/100g	mol/L	g/100g	mol/L	g/100g	mol/L
1.15	29.6	9.3	24.8	4.5	20.9	2.5
1.19	37.2	12.2	30.9	5.8	26.0	3.2
1.20			32.3	6.2	27.3	3.4
1.25			39.8	7.9	33.4	4.3
1.30			47.5	9.8	39.2	5.2
1.35			55.8	12.0	44.8	6.2
1.40			65.3	14.5	50.1	7.2
1.42			69.8	15.7	52.2	7.6
1.45					55.0	8.2
1.50					59.8	9.2
1.55					64.3	10.2
1.60					68.7	11.2
1.65					73.0	12.3
1.70					77.2	13.4
1.84					95.6	18.0

碱溶液的相对密度和浓度表

相对密度(15℃)	NH_3的浓度		NaOH 的浓度		KOH 的浓度	
	g/100g	mol/L	g/100g	mol/L	g/100g	mol/L
0.88	35.0	18.0				
0.90	28.3	15				
0.91	25.0	13.4				
0.92	21.8	11.8				
0.94	15.6	8.6				
0.96	9.9	5.6				
0.98	4.8	2.8				
1.05			4.5	1.25	5.5	1.0
1.10			9.0	2.5	10.9	2.1
1.15			13.5	3.9	16.1	3.3
1.20			18.0	5.4	21.2	4.5
1.25			22.5	7.0	26.1	5.8
1.30			27.0	8.8	30.9	7.2
1.35			31.8	10.7	35.5	8.5

附录3 一些常用弱酸、弱碱的电离常数

名称	温度/℃	电离常数 K_a	pK_a
砷酸 H_3AsO_4	18	$K_{a1}=5.6\times10^{-3}$ $K_{a2}=1.7\times10^{-7}$ $K_{a3}=3.0\times10^{-12}$	2.25 6.77 11.50
硼酸 H_3BO_3	20	$K_a=5.7\times10^{-10}$	9.24
氢氰酸 HCN	25	$K_a=6.2\times10^{-10}$	9.21
碳酸 H_2CO_3	25	$K_{a1}=4.2\times10^{-7}$ $K_{a2}=5.6\times10^{-11}$	6.38 10.25
铬酸 H_2CrO_4	25	$K_{a1}=1.8\times10^{-1}$ $K_{a2}=3.2\times10^{-7}$	0.74 6.49
氢氟酸 HF	25	$K_a=3.5\times10^{-4}$	3.46
亚硝酸 HNO_2	25	$K_a=4.6\times10^{-4}$	3.37
磷酸 H_3PO_4	25	$K_{a1}=7.6\times10^{-3}$ $K_{a2}=6.3\times10^{-8}$ $K_{a3}=4.4\times10^{-13}$	2.12 7.20 12.36
硫化氢 H_2S	25	$K_{a1}=1.3\times10^{-7}$ $K_{a2}=7.1\times10^{-15}$	6.89 14.15
亚硫酸 H_2SO_3	18	$K_{a1}=1.5\times10^{-2}$ $K_{a2}=1.0\times10^{-7}$	1.82 7.00
硫酸 H_2SO_4	25	$K_{a1}=1.0\times10^{-2}$	1.99
甲酸 HCOOH	20	$K_a=1.8\times10^{-4}$	3.74
醋酸 CH_3COOH	20	$K_a=1.76\times10^{-5}$	4.74
草酸 $H_2C_2O_4$	25	$K_{a1}=5.9\times10^{-2}$ $K_{a2}=6.9\times10^{-5}$	1.23 4.19
苯酚 C_6H_5OH	20	$K_a=1.1\times10^{-10}$	9.95
苯甲酸 C_6H_5COOH	25	$K_a=6.2\times10^{-5}$	4.21
水杨酸 $C_6H_4(OH)COOH$	18	$K_{a1}=1.07\times10^{-3}$ $K_{a2}=4\times10^{-14}$	2.97 13.40
邻苯二甲酸 $C_6H_4(COOH)_2$	25	$K_{a1}=1.3\times10^{-3}$ $K_{a2}=2.9\times10^{-6}$	2.89 5.54
氨水 $NH_3\cdot H_2O$	25	$K_b=1.8\times10^{-5}$	4.74
羟胺 NH_2OH	20	$K_b=9.1\times10^{-9}$	8.04
苯胺 $C_6H_5NH_2$	25	$K_b=4.6\times10^{-10}$	9.34
乙二胺 $H_2NCH_2CH_2NH_2$	25	$K_{b1}=8.5\times10^{-5}$ $K_{b2}=7.1\times10^{-8}$	4.07 7.15
六次甲基四胺 $(CH_2)_6N_4$	25	$K_b=1.4\times10^{-9}$	8.85
吡啶 (N)	25	$K_b=1.7\times10^{-9}$	8.87

附录 4 常用缓冲溶液的配制方法

pH	配制方法
1.0	0.1mol/L HCl
2.0	0.01mol/L HCl
3.6	$NaAc \cdot 3H_2O$ 8g，溶于适量水中，加 6mol/L HAc 134mL，稀释至 500mL
4.0	$NaAc \cdot 3H_2O$ 20g，溶于适量水中，加 6mol/L HAc 134mL，稀释至 500mL
4.5	$NaAc \cdot 3H_2O$ 32g，溶于适量水中，加 6mol/L HAc 68mL，稀释至 500mL
5.0	$NaAc \cdot 3H_2O$ 50g，溶于适量水中，加 6mol/L HAc34mL，稀释至 500mL
5.7	$NaAc \cdot 3H_2O$ 100g，溶于适量水中，加 6mol/L HAc13mL，稀释至 500mL
7.0	NH_4Ac 77g，用水溶解后，稀释至 500mL
7.5	NH_4Ac 60g，用水溶解后，加 15mol/L 氨水 1.4mL，稀释至 500mL
8.0	NH_4Ac 50g，用水溶解后，加 15mol/L 氨水 3.5mL，稀释至 500mL
8.5	NH_4Ac 40g，用水溶解后，加 15mol/L 氨水 8.8mL，稀释至 500mL
9.0	NH_4Ac 35g，用水溶解后，加 15mol/L 氨水 24ml，稀释至 500mL
9.5	NH_4Ac30g，溶于适量水中，加 15mol/L 氨水 65mL，稀释至 500mL
10.0	NH_4Ac 27g，用水溶解后，加 15mol/L 氨水 197mL，稀释至 500mL
10.5	NH_4Ac 9g，用水溶解后，加 15mol/L 氨水 175mL，稀释至 500mL
11.0	NH_4Ac 3g，用水溶解后，加 15mol/L 氨水 207mL，稀释至 500mL
12.0	0.01mol/L NaOH
13.0	0.1mol/L NaOH

附录 5 化合物的摩尔质量（*M*）表

化学式	*M*/(g/mol)	化学式	*M*/(g/mol)
Ag_3AsO_3	446.52	$AgNO_3$	169.87
Ag_3AsO_4	462.52	$Al(C_9H_6ON)_3$(8-羟基喹啉铝）	459.44
AgBr	187.77	$AlK(SO_4)_2 \cdot 12H_2O$	474.38
AgSCN	165.95	Al_2O_3	101.96
AgCl	143.32	As_2O_3	197.84
Ag_2CrO_4	331.73	As_2O_5	229.84
AgI	234.77	$BaCO_3$	197.34

化学式	*M*/(g/mol)	化学式	*M*/(g/mol)
$BaCl_2$	208.24	$K_2Cr_2O_7$	294.18
$BaCl_2 \cdot 2H_2O$	244.27	$K_3[Fe(CN)_6]$	329.25
$BaCrO_4$	253.32	$K_4[Fe(CN)_6]$	368.35
$BaSO_4$	233.39	$KHC_4H_4O_6$（酒石酸氢钾）	188.18
BaS	169.39	$KHC_8H_4O_4$（苯二甲酸氢钾）	204.22
$Bi(NO_3)_3 \cdot 5H_2O$	485.07	$K_3C_6H_5O_7$（柠檬酸钾）	306.40
Bi_2O_3	465.96	KI	166.00
$BiOCl$	260.43	KIO_3	214.00
CH_2O(甲醛)	30.03	$KMnO_4$	158.03
$C_{14}H_{14}N_3O_3SNa$（甲基橙）	327.33	KNO_2	85.10
$C_6H_5NO_3$（硝基酚）	139.11	KNO_3	101.10
$C_4H_8N_2O_2$（丁二酮肟）	116.12	KOH	56.11
$(CH_2)_6N_4$（六次甲基四胺）	140.19	K_2PtCl_6	485.99
$C_7H_6O_6S$（磺基水杨酸）	218.18	$KHSO_4$	136.16
$C_{12}H_8N_2$（邻二氮菲）	180.21	$CaCl_2$	110.99
$C_{12}H_8N_2 \cdot H_2O$	198.21	CaF_2	78.08
$C_2H_5NO_2$（氨基乙酸，甘氨酸）	75.07	CaO	56.08
$C_6H_{12}N_2O_4S_2$（L-胱氨酸）	240.30	$CaSO_4$	136.14
$CaCO_3$	100.09	$CaSO_4 \cdot 2H_2O$	172.17
$CaC_2O_4 \cdot H_2O$	146.11	$CdCO_3$	172.42
H_3PO_4	98.00	$Cd(NO_3)_2 \cdot 4H_2O$	308.48
H_2S	34.08	CdO	128.41
H_2SO_3	82.07	$CdSO_4$	208.47
H_2SO_4	98.07	$CoCl_2 \cdot 6H_2O$	237.93
$HClO_4$	100.46	K_2SO_4	174.25
$HgCl_2$	271.50	$K_2S_2O_7$	254.31
Hg_2Cl_2	472.09	$Mg(C_9H_6ON)_2$(8-羟基喹啉镁）	312.61
HgO	216.59	$MgNH_4PO_4 \cdot 6H_2O$	245.41
HgS	232.65	MgO	40.30
$HgSO_4$	296.65	$Mg_2P_2O_7$	222.55
$KAl(SO_4)_2 \cdot 12H_2O$	474.38	$MgSO_4 \cdot 7H_2O$	246.47
KBr	119.00	PbO	223.20
$KBrO_3$	167.00	PbO_2	239.20
KCN	65.116	$Pb(C_2H_3O_2)_2 \cdot 3H_2O$	379.30
$KSCN$	97.18	$PbCrO_4$	323.20
K_2CO_3	138.21	$PbCl_2$	278.10
KCl	74.55	$Pb(NO_3)_2$	331.20
$KClO_3$	122.55	PbS	239.30
$KClO_4$	138.55	$PbSO_4$	303.30
K_2CrO_4	194.19	SO_2	64.06

续表

化学式	M/(g/mol)	化学式	M/(g/mol)
SO_3	80.06	$NH_4Fe(SO_4)_2 \cdot 12H_2O$	482.18
SO_4	96.06	$(NH_4)_2Fe(SO_4)_2 \cdot 6H_2O$	392.13
SiF_4	104.08	NH_4HF_2	57.04
SiO_2	60.08	$(NH_4)_2Hg(SCN)_4$	468.98
CuSCN	121.62	NH_4NO_3	80.04
$CuHg(SCN)_4$	496.45	NH_4OH	35.05
CuI	190.45	$(NH_4)_3PO_4 \cdot 12MoO_3$	1876.34
$Cu(NO_3)_2 \cdot 3H_2O$	241.60	$Na_2B_4O_7$	201.22
CuO	79.55	$Na_2B_4O_7 \cdot 10H_2O$	381.37
$CuSO_4 \cdot 5H_2O$	249.68	Na_2BiO_3	279.97
$FeCl_2 \cdot 4H_2O$	198.81	$NaC_2H_3O_2$（醋酸钠）	82.03
$FeCl_3 \cdot 6H_2O$	270.30	$Na_3C_6H_5O_7$（柠檬酸钠）	258.07
$Fe(NO_3)_3 \cdot 9H_2O$	404.00	Na_2CO_3	105.99
FeO	71.85	$Na_2CO_3 \cdot 10H_2O$	286.14
Fe_2O_3	159.69	$Na_2C_2O_4$	134.00
Fe_3O_4	231.54	NaCl	58.44
$FeSO_4 \cdot 7H_2O$	278.01	$NaClO_4$	122.44
HCOOH	46.03	NaF	41.99
CH_3COOH	60.05	$NaHCO_3$	84.01
H_2CO_3	62.03	$Na_2H_2C_{10}H_{12}O_8N_2$（EDTA 二钠盐）	336.21
$H_2C_2O_4$（草酸）	90.04	$Na_2H_2C_{10}H_{12}O_8N_2 \cdot 2H_2O$	372.24
$H_2C_2O_4 \cdot 2H_2O$	126.07	$NaH_2PO_4 \cdot 2H_2O$	156.01
$H_2C_4H_4O_4$（琥珀酸，丁二酸）	118.09	$Na_2HPO_4 \cdot 2H_2O$	177.99
$H_2C_4H_4O_6$（酒石酸）	150.088	$NaHSO_4$	120.06
$H_3C_6H_5O_7 \cdot H_2O$（柠檬酸）	210.14	NaOH	39.997
HCl	36.46	Na_2SO_4	142.04
HNO_2	47.01	$Na_2S_2O_3 \cdot 5H_2O$	248.17
HNO_3	63.01	$NaZn(UO_2)_3(C_2H_3O_2)_9 \cdot 6H_2O$	1537.94
H_2O_2	34.01	$NiSO_4 \cdot 7H_2O$	280.85
$MnCO_3$	114.95	$Ni(C_4H_7N_2O_2)_2$（丁二酮肟镍）	288.91
MnO_2	86.94	$SrCO_3$	147.63
$MnSO_4$	151.00	$Sr(NO_3)_2$	211.63
$NH_2OH \cdot HCl$（盐酸羟胺）	69.49	$SrSO_4$	183.68
NH_3	17.03	$TiCl_3$	154.24
NH_4	18.04	TiO_2	79.88
$NH_4C_2H_3O_2$（醋酸铵）	77.08	$ZnHg(SCN)_4$	498.28
NH_4SCN	76.12	$ZnNH_4PO_4$	178.39
$(NH_4)_2C_2O_4 \cdot H_2O$	142.11	ZnS	97.44
NH_4Cl	53.19	$ZnSO_4$	161.44
NH_4F	37.04		

参考文献

[1] 尹金标, 张兰华. 无机与分析化学[M]. 3版. 北京: 中国农业出版社, 2021.

[2] 张小华. 仪器分析[M]. 北京: 中国农业出版社, 2012.

[3] 张坐省. 分析化学应用技术[M]. 西安: 西北大学出版社, 2013.

[4] 徐英岚. 无机与分析化学[M]. 3版. 北京: 中国农业出版社, 2017.

[5] 张龙. 化学[M]. 2版. 北京: 中国农业出版社, 2019.

[6] 胡伟光, 张桂珍. 无机化学(三年制)[M]. 4版. 北京: 化学工业出版社, 2020.

[7] 朱明华. 仪器分析[M]. 3版. 北京: 高等教育出版社, 2004.

[8] 任建敏, 韦寿莲, 刘梦琴, 等. 分析化学[M]. 北京: 化学工业出版社, 2014.

[9] 蔡明招. 分析化学[M]. 北京: 化学工业出版社, 2009.